国家中等职业教育改革发展示范学校重点建设专业精品课程教材

三维动画制作企业案例教程——Maya 2013 三维特效技术

主　编　张春丽

副主编　王　然　韩东润

参　编　李　颖　许雅茜

　　　　赵　东　田群山

机械工业出版社

本书以北京若森数字科技有限公司制作的《侠岚》动画片中的特效实例为教学内容，选取了极具代表性的 13 个经典项目，详细透彻地剖析了运用三维特效技术进行合成应用的关键技术。每个项目的讲解都是以"项目描述""项目分析""知识准备""项目实施""项目小结"和"实践演练"6 个部分来划分，层次分明、步骤清晰。本书同时融入企业真实案例，让内容更加翔实。通过本书的学习，读者能在最短的时间内快速掌握必要的制作技能，充分了解并掌握三维特效技术软件的各项参数含义及功能应用。

全书共设置了 13 个项目，都是三维特效技术应用中使用频率最高、极具参考价值及非常值得读者深入学习的内容。本书无论是作为课堂教学还是学生自学或者是对于具有一定工作经验的专业人士继续提高均有很大帮助。本书可作为中等职业学校数字影像技术专业教材，也可作为影视动画特效岗位培训参考用书。

为便于教学，本书配套有电子课件，选择本书作为教材的教师可来电（010-88397194）索取，或登录 www.cmpedu.com 网站，注册、免费下载。

图书在版编目（CIP）数据

三维动画制作企业案例教程：Maya 2013 三维特效技术/张春丽主编. —北京：机械工业出版社，2015.2（2016.1 重印）

国家中等职业教育改革发展示范学校重点建设专业精品课程教材

ISBN 978-7-111-43483-2

Ⅰ. ①三… Ⅱ. ①张… Ⅲ. ①三维动画软件－中等专业学校－教材 Ⅳ. ①TP391.41

中国版本图书馆 CIP 数据核字（2015）第 070445 号

机械工业出版社（北京市百万庄大街 22 号　邮政编码 100037）
策划编辑：梁　伟　责任编辑：秦　成
封面设计：赵颖喆　责任校对：刘秀芝
责任印制：李　洋
三河市宏达印刷有限公司印刷
2016 年 1 月第 1 版第 2 次印刷
184mm×260mm·13.25 印张·307 千字
501—2000 册
标准书号：ISBN 978-7-111-43483-2
定价：30.00 元

凡购本书，如有缺页、倒页、脱页，由本社发行部调换

电话服务	网络服务
服务咨询热线：010-88379833	机 工 官 网：www.cmpbook.com
读者购书热线：010-88379649	机 工 官 博：weibo.com/cmp1952
	教育服务网：www.cmpedu.com
封面无防伪标均为盗版	金 书 网：www.golden-book.com

国家中等职业教育改革发展示范学校
重点建设专业数字影像技术专业
精品课程教材编写委员会

主　任： 段福生

副主任： 郑艳秋

　　　　　庞大龙

委　员： 朱厚峰　周林娥　赵　东　姜　丽　滕文学　王　璐

　　　　　姚　明　耿　菲　司　帅　张　凯　鲁　琪　牟亚舒

　　　　　门　跃　韩东润　张春丽　李　娜　王　然　许雅茜

　　　　　孙艳蕾　王飞跃　刘婷婷　李　典　苏　潇　魏　婷

　　　　　赵翰闻　肖　进　纪晓远　宋志坤　田群山　李　颖

　　　　　陶　金　张振华　梁　娜　张学亮　吴　洁　赵媛媛

　　　　　李红艳　贾丽辉　贾　帅

前 言

本书以北京若森数字科技有限公司制作的《侠岚》动画片中的特效实例为教学内容，选取了极具代表性的13个经典项目，详细透彻地剖析了三维特效技术进行合成应用的关键技术。每个项目的内容，除了基本操作和参数介绍之外，还设置针对性的实例，以帮助读者深入理解特效模块各部分的功能。

本书的学习范围为Maya软件的特效模块，主要包括Maya动力学的粒子效果以及表达式和编程应用，刚体和柔体、流体效果，布料、头发等系统的基础操作及案例应用。每个项目范例的教学过程在本书中被划分为6个步骤，即项目描述、项目分析、知识准备、项目实施、项目小结和实践演练。读者在学习过程中可以通过项目描述来了解整个项目设置背景，通过项目分析梳理项目实施需要的技能支撑，通过知识准备来学习、储备项目实施所需的知识点和技能点，再通过项目实施部分，增进对知识点的深入理解与应用。通过本书的学习，读者能在最短的时间内快速掌握必要的制作技能，充分了解并掌握三维特效技术软件的各项参数含义及功能应用。

动力学模块相对于Maya的其他制作模块有很大区别。Maya动力学的制作思路要区别于其他模块(比如建模和渲染)，在制作过程中制作者不仅仅需要注意形体或者色彩感觉等，更需要具备逻辑思维能力和各类软件命令、节点属性的综合运用能力。在本书的学习过程中，读者将接触到更多的知识点和抽象概念，希望读者能够注意这些方面的特点。本书共设置13个项目，其中项目1~5系统地介绍了粒子系统的参数与应用技巧；项目6详尽地介绍了刚体与柔体系统的应用技巧；项目7~11全面地介绍了流体系统的参数设置及应用技巧；项目12介绍了布料系统的应用技巧；项目13介绍了毛发系统的应用技巧。这13个项目是三维特效技术应用中使用频率最高、极具参考价值、非常值得读者深入学习的知识。本书内容丰富，讲解细致，无论是作为课堂教学还是学生自学或者是对于具有一定工作经验的专业人士继续提高均有很大帮助。

本书由张春丽任主编，王然、韩东润任副主编，李颖、许雅茜、赵东、田群山参加编写。在编写过程中，本书比较注重通过丰富的项目范例来帮助读者更好地学习和理解动力学模块的各种知识和应用技巧，同时，对于各个项目范例所涉及的命令和参数进行了详细的讲解，方便读者快速进入流程和深入理解内容。

编写过程中，编者参阅了国内外出版的有关教材和资料，得到了各位同行的有益指导，在此一并表示衷心感谢！

由于编者水平有限，书中不妥之处在所难免，恳请读者批评指正。

编 者

目 录

前言
项目1 制作彩色火星飞溅效果 1
    任务1 建立粒子发射器并设置发射器属性 3
    任务2 通过设置粒子属性实现火星飞溅效果 9
项目2 制作火圈燃烧效果 20
    任务1 建立表面粒子发射器和火焰粒子 21
    任务2 使用动力学关系编辑器 27
项目3 制作雨打玻璃效果 31
    任务1 制作下雨的效果 44
    任务2 制作雨滴飞溅效果 45
项目4 制作粒子云爆炸尘土效果 51
    任务1 制作粒子爆发的效果 52
    任务2 使用粒子云材质渲染粒子云效果 62
项目5 制作万蝶齐飞效果 66
    任务1 制作蝴蝶扇动翅膀的模型序列 67
    任务2 通过粒子发射器实现万蝶飞舞效果 72
项目6 制作撞钟效果 77
    任务1 制作大钟模型的简模 81
    任务2 实现撞钟效果 82
项目7 制作油灯火苗的效果 97
    任务1 制作火苗的模型 99
    任务2 创建柔体物体并进行渲染 100
项目8 制作茶壶上流体烟雾效果 108
    任务1 建立流体容器 109
    任务2 实现雾气蒸腾效果 113

项目9 制作流体火焰效果 ··· 119
    任务1 建立流体容器和发射器 ·· 120
    任务2 调节发射器和流体容器的属性制作火焰效果 ·· 120

项目10 制作天空中的云朵 ··· 127
    任务1 建立流体容器并设置属性 ··· 128
    任务2 调节流体容器的纹理属性 ··· 130

项目11 制作惊涛骇浪效果 ··· 136
    任务1 建立海洋并调节材质球属性 ·· 151
    任务2 制作船在海洋中的漂浮效果 ·· 155

项目12 制作人物衣服 ··· 160
    任务1 建立衣服模型 ·· 180
    任务2 设置布料模型属性 ··· 181

项目13 制作角色头发 ··· 186
    任务1 建立头发生长的模型面片 ··· 196
    任务2 建立头发系统并设置渲染属性 ·· 197

参考文献 ··· 203

项目 1 制作彩色火星飞溅效果

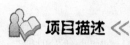 **项目描述**

彩色火星飞溅效果，是《侠岚》动画中侠岚比武时出现的一个动力学效果，它通过粒子发射器，制作出各种颜色的火星并从一个打击点飞溅出来，然后使火星逐步消失，本项目将讲述如何在 Maya 中使用粒子系统来制作这个效果。彩色火星飞溅效果，如图 1-1 所示。

图 1-1

 项目分析

本项目中，火星飞溅效果可以使用"粒子发射器"发射大量粒子来实现。操作过程为：首先建立发射器并发射大量粒子；然后通过设置粒子的寿命为有限，使粒子在一定时间后"死亡"来实现粒子的消失。同时，还需要设置粒子的透明度和颜色，并且选择适当的渲染方式来输出。因此，本项目的制作分为 2 个任务来完成。

任 务	流 程 简 介
任务 1	建立粒子发射器并设置发射器属性
任务 2	通过设置粒子属性实现火星飞溅效果

项目教学及实施建议 18 学时。

 知识准备

1. 粒子发射器

功能说明：发射大量粒子，并能根据需要建立不同类型发射器。

操作方法：

单击菜单 Particles（粒子）→Create Emitter（创建发射器）命令创建点发射器。

还可以通过单击菜单 Particles（粒子）→Emit from Object（从对象发射）→□（选项窗

口)命令，打开选项参数窗口。在选项窗口中，可以设置 Emitter Type（发射器类型）。Emitter Type（发射器类型）可以设置为 Omni（泛向）、Directional（定向）、Surface（表面）、Curve（曲线）、Volume（体积）5 种。

常用参数解析：

粒子发射器可以根据发射器所在位置，分为"点发射器""曲面发射器""曲线发射器""体积发射器"4 类。还可以根据粒子的发射方向，分为"全局发射器""方向发射器"和"体积发射器" 3 类。

全局发射器：所有的粒子都以发射器的端点为起点，向各个方向均匀地发射，如图 1-2 所示。

方向发射器：向特定方向，以特定分散角度来发射粒子，可以模拟类似喷泉、烟花等效果，如图 1-3 所示。

图 1-2

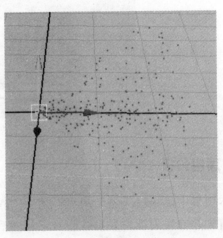

图 1-3

体积发射器：将粒子发射到特定形状的体积中，体积形状有 Cube（立方体）、Sphere（球体）、Cylinder（圆柱体）、Cone（圆锥体）、Torus（圆环）5 种类型，如图 1-4 所示。

2. 粒子类型

功能说明：粒子类型主要有"硬件粒子""软件粒子"两种。

操作方法：选中粒子物体，进入属性编辑器，编辑属性参数。

常用参数解析：选中粒子对象，单击 Attribute Editor（属性编辑器）→Render Attributes（渲染属性）→Particle Render Type（粒子渲染类型）命令。硬件渲染粒子的渲染类型有 MultiPoint（多点）、MultiStreak（多条纹）、Numeric（数值）、Points（点）、Spheres（球体）、Sprites（精灵）或 Streak（条纹）等类型。软件渲染粒

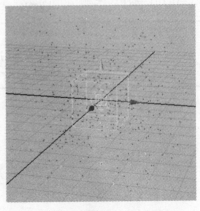

图 1-4

子的渲染类型有 Blobby Surface（滴状曲面）、Cloud（云）、Tube（管状体）等类型。

3. 粒子寿命

功能说明：设置粒子的寿命类型。

操作方法：选择粒子物体，进入属性编辑器，编辑属性参数。

常用参数解析：选中粒子对象，单击 Attribute Editor（属性编辑器）→Lifespan Attributes（寿命属性）→Lifespan Mode（寿命模式）命令。粒子寿命的 Lifespan Mode（寿命模式）有 Constant（恒定）、Random Range（随机范围）、LifespanPP Only（仅寿命 PP）、Live Forever（永生）4 种。

4. 粒子颜色

功能说明：设定粒子的颜色。

操作方法：单击菜单命令，打开渲染窗口，进行硬件渲染。

常用参数解析：选中粒子对象，单击 Attribute Editor（属性编辑器）→Add Dynamic Attributes（添加动态属性）→Color（颜色）→Particle Color（粒子颜色）命令。在 Particle Color（粒子颜色）属性窗口可以使用 3 种方式来添加颜色属性，即 Add Per Object Attribute（添加每对象属性）、Add Per Particle Attribute（添加每粒子属性）、Shader（着色器）。

项目实施

任务 1　建立粒子发射器并设置发射器属性

1）作为 Maya 动力学模块的第一个范例，制作中首先需要进入动力学菜单。可以通过菜单栏左端的"模块菜单集"切换选项栏，选择 Dynamics 选项。或者按<F5>键来进行切换，如图 1-5 所示。

2）建立粒子发射器。单击菜单栏 Particles（粒子）→Create Emitter（生成发射器）→□（选项窗口）命令，如图 1-6 所示。

图 1-5

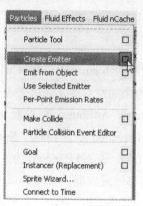

图 1-6

3）打开 Emitter Options（Creat）对话框后（见图1-7），可以看见里面的选项比较多，第一行 Emitter name（发射器名称）可设置发射器的名称，如果这个参数空白，则新建的发射器将采用默认名称。下方的各种选项分别归入各种选项类型当中。

Basic Emitter Attrbutes 为（基础发射器属性）：设置发射器的基本属性，包括发射器类型等各种发射器基本的属性设置。

Distance/Direction Attributes（距离/方向属性）：设置发射器的距离和发射方向的一类属性。

Basic Emission Speed Attributes（基础发射速率属性）：设置与发射器的发射速度有关的一系列属性。

Volume Emitter Attributes（体积发射器属性）：设置与体积发射器相关的属性。

Volume Speed Attributes（体积速率属性）：单独的一组属性用于设置体积发射器的粒子发射速度。

在这里使用默认选项，直接单击 Create（生成）按钮即可。

4）执行菜单命令后，打开大纲视图，场景中出现了名为 emitter1 的发射器和名为 Particlel 的粒子，如图1-8所示。在制作动力学效果时建议尽量在大纲视图中选择物体。

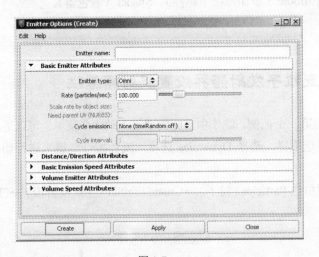 

图1-7　　　　　　　　　　　　　　图1-8

5）选择发射器物体 emitter1，按<Ctrl+A>组合键，打开属性编辑器。因为按照默认的参数建立的发射器为全局发射器，这里来通过设置发射器的属性参数把它设置为最终需要的样子。在 Basic Emitter Attributes 栏设置 Emitter Type 为 Directional；在 Distance/Direction Attributes 栏设置 Direction X 为 1.000，Spread 为 1.000；在 Basic Emission Speed Attributes 栏设置 Speed 为 15.000，Speed Random 为 5.000，如图1-9所示。

6）下边详细讲述发射器所设置的属性参数。首先展开 Basic Emitter Attributes（基本发射器属性）栏，设置 Emitter Type（发射器类型）为 Directional（方向发射器）。

展开 Distance/Direction Attributes（距离/方向属性）栏，设置 DirectionX（方向X）值为

1,下面的两个属性 Direction Y/Z 为 0,这三个属性值设置的结果是使粒子沿 X 正方向发射。同时设置 Spread(散开)属性为 1,使粒子在发射方向上散开的角度为 180°,相当于分散成为一个半球。

图 1-9

展开 Basic Emission Speed Attributes(基本发射速率属性)栏,设置 Speed(速度)属性为 15,设置 Speed Sandom(速率随机)属性值为 5,使粒子在基于运动速度 15 的同时具有一定的随机性。

设置完成后播放动画,粒子发射效果如图 1-10 所示。

7)火星飞溅的过程不是粒子一直从发射器中源源不断地被发射出来,而是粒子发射器在某个时刻突然发射大量粒子。因此,在粒子发射器的 Basic Emitter Attributes 栏中,Rate(Particles/Sec)(速率)属性可用来设置发射器每秒所发射的粒子个数。首先将时间线拖动到第 10 帧,将 Rate 属性设置为 0,同时在该属性上面单击鼠标右键,在弹出的快捷菜单中选择 Set Key 命令,设置一个关键帧,如图 1-11 所示。

图 1-10

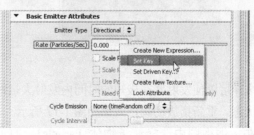

图 1-11

8）接下来在时间线范围滑块右端，即整个 Maya 界面的右下角处，单击自动记录关键帧的开关按钮，如图 1-12 所示。

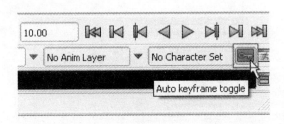

图 1-12

9）然后继续编辑发射器属性。将时间线拖动到第 11 帧，将 Rate 属性设置为 1000。然后再将时间线拖动到第 15 帧，将 Rate 属性设置为 0，如图 1-13 和图 1-14 所示。

 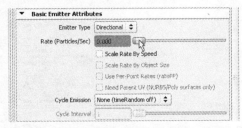

图 1-13　　　　　　　　　　　　　　图 1-14

10）打开 Graph Editor（曲线图编辑器），可以看见刚才所编辑的参数值都被记录为动画关键帧，默认为曲线方式，如图 1-15 所示。

11）单击 Step Tangents（阶梯切线）按钮，将动画曲线的切线模式自动全部转换为阶梯模式，如图 1-16 所示。

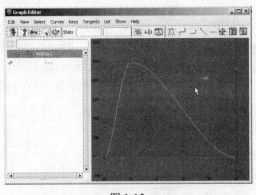 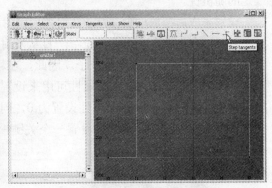

图 1-15　　　　　　　　　　　　　　图 1-16

12）这样可以使发射器在极短的时间内发射大量粒子然后突然停止，相当于火花在一瞬间的爆发状态。重新播放动画，效果如图 1-17 所示。

13）在大纲视图中选择粒子物体 Particle1，打开粒子属性编辑器，切换到形状节点

ParticleShape1 的属性标签,如图 1-18 所示。这个形状节点中记录了大量的粒子属性,在后续的项目中都会有所涉及,在这里对部分基本属性进行讲解。

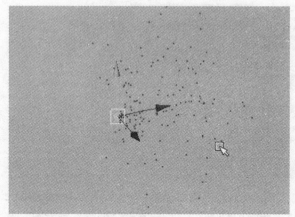

图 1-17

图 1-18

14)在 General Control Attributes(常规控制属性)栏中,选中 Is Dynamic(开启动力学):复选按钮表示为对象打开动力学功能,不选则表示对象关闭动力学功能。

Dynamics Weight(动力学权重):值为 0 将使连接至粒子对象的场、碰撞、弹簧和目标没有效果;值为 1 将提供全效;输入小于 1 的值将设定比例效果。例如,值 0.6 可以将效果按比例缩至完全强度的 60%。表达式不受"动力学权重"的影响。

Conserve(惯性):值控制粒子对象的速率在帧与帧之间的保持程度。特别是惯性值可以在开始执行每帧时按比例缩放粒子的速度属性。按比例调整速度后,Maya 将任何适用的动力学应用于粒子,以在帧的末尾创建最终位置。

Forces In World(世界中的力):复选按钮可以设置粒子在受到外力作用时(比如重力场的影响)仍然保持世界轴向,如果不选中则按自身轴向发射作用。

Max Count(最大计数):包含此形状允许的最大粒子计数。如果某些粒子消亡,将再次接受新的粒子,数量多至最大计数。

Level Of Detail(细节级别):此属性目前仅用于衡量要用于快速运动测试的发射量(不必更改发射器的值)。此属性仅影响已发射的粒子。

Inherit Factor(继承因子):包含发射到此对象中的粒子所继承的发射器速度分数。

Emission In World(世界中的发射):复选按钮指示粒子对象假定通过发射创建的粒子位于世界空间中,并且在将这些粒子添加到粒子阵列之前,必须将它们变换为对象空间。简单地说就是按照世界坐标进行发射或是以自身坐标来进行发射。

Die on Emission Volume Exit(离开发射体积时消亡):当选中该复选按钮时,如果发射的粒子来自某个体积,则它们将在离开该体积时消亡。

15)本任务中设置 Conserve(惯性):属性为 0.9,使粒子发射后有一定的减速,可以更好地模拟火星效果,如图 1-19 所示。

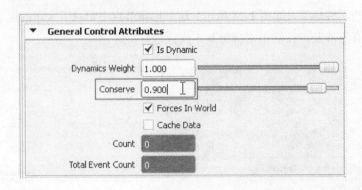

图 1-19

16）粒子爆发的效果完成后，接下来就要让粒子在一定的时间内消失掉。继续调节粒子的属性栏，展开 Lifespan Attribute（寿命属性）栏，设置粒子寿命属性。首先设置 Lifespan Mode（寿命模式）为 Random range（随机范围），如图 1-20 所示，使每个粒子的寿命都有限，并且有一定的随机度。

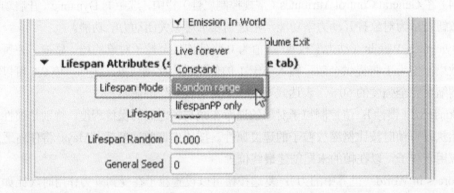

图 1-20

17）接下来设置粒子的寿命值。设置 Lifespan（寿命）属性为 0.5，Lifespan Random（生命随机）属性为 0.2，如图 1-21 所示。

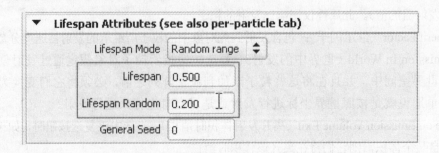

图 1-21

至此，粒子的动态效果设置完成。在下一任务中，将对粒子进行渲染设置。

任务 2　通过设置粒子属性实现火星飞溅效果

粒子的动态效果已经设置完成，接下来设置粒子的渲染属性。首先设置粒子的颜色和透明度。本任务中需要使用"每粒子颜色"和"每粒子透明度"属性，让大家能够更好地理解其原理，这里先来介绍粒子的每物体颜色和每物体透明度。

1）展开粒子属性栏中的 Add Dynamic Attributes（添加动力学属性）栏，单击 Color 按钮，在出现的 Particle Color 对话框中，勾选 Add Per Object Attribute（添加每物体属性），然后单击 Add Attribute 按钮，如图 1-22 所示。有时候新添加的属性不会马上出现在属性编辑器中，遇到这种情况，可以通过单击 Load Attributes 按钮来载入。

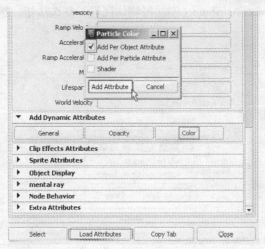

图 1-22

2）接下来展开属性编辑器中的 Render Attributes（渲染属性）栏。这里涉及三个属性数值：Color Red、Color Green、Color Blue，可分别设置粒子的颜色 RBG 三通道数值。例如将数值设置为（1，1，0），则粒子在平滑材质和纹理显示模式中显示为黄色，如图 1-23 所示。

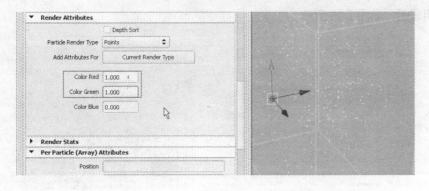

图 1-23

3）如果将数值设置为（1，0，1），则粒子在平滑材质和纹理显示模式中显示为紫色，如图 1-24 所示。

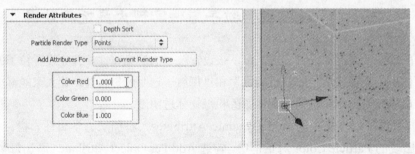

图 1-24

4）接下来给粒子添加透明度属性。单击 Opacity 按钮，在出现的 Particle Opacity 对话框中单击选中 Add Per Object Attribute（添加每物体属性）复选按钮，然后单击 Add Attribute 按钮，如图 1-25 所示。

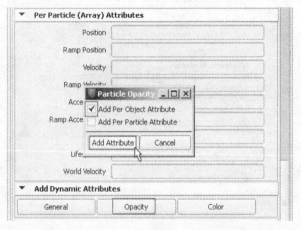

图 1-25

5）接下来展开属性编辑器中的 Render Attributes（渲染属性）栏，可以看到新出现了一个属性数值 Opacity（透明度）。这里将其值设置为 0.2 使粒子整体的透明度出现明显提高，呈半透明显示，如图 1-26 所示。

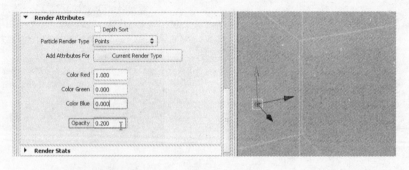

图 1-26

6）在本项目中需要制作出五颜六色的粒子，单一的每物体属性无法实现预期效果，因此接下

项目1 制作彩色火星飞溅效果

来给粒子添加"每粒子属性"。单击 Color（颜色）按钮，在出现的对话框中勾选 Add Per Particle Attribute（添加每粒子属性）然后单击 Add Attribute 按钮，如图 1-27 所示。

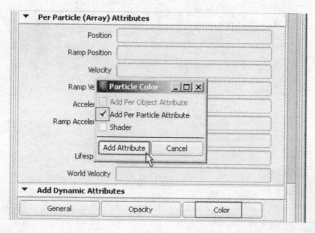

图 1-27

7）然后再单击 Opacity（透明度）按钮，在出现的对话框中勾选 Add Per Particle Attribute（添加每粒子属性），然后单击 Add Attribute 按钮，如图 1-28 所示。

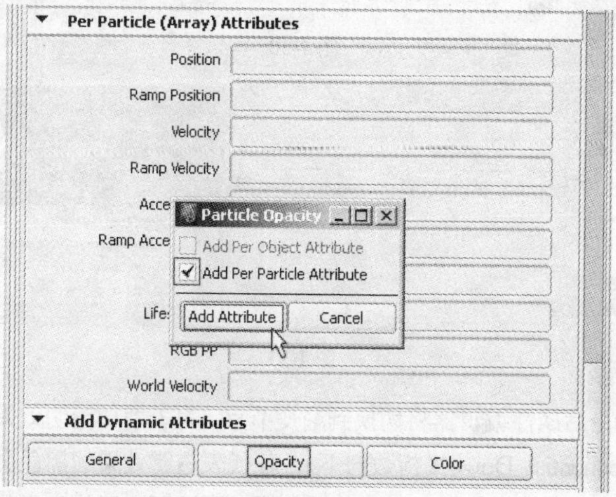

图 1-28

8）添加属性后，在 Per Particle（Array）Attributes（每粒子属性）栏中，出现了新的属性 Opacity PP（每粒子透明）和 RGB PP（每粒子颜色），如图 1-29 所示。

9）注意：一般情况下每物体的透明度和颜色会替代已有的每物体属性并发生作用。首先在 Opacity PP（每粒子透明）属性后面的空白处右击，在出现的快捷菜单中选择 Create Ramp（生成渐变）命令，如图 1-30 所示。

10）完成上一步操作后，空白处将显示有渐变节点连接到该属性。然后在刚才位置上右击，在快捷菜单中选择 Edit Ramp（编辑渐变）命令，如图 1-31 所示。

11

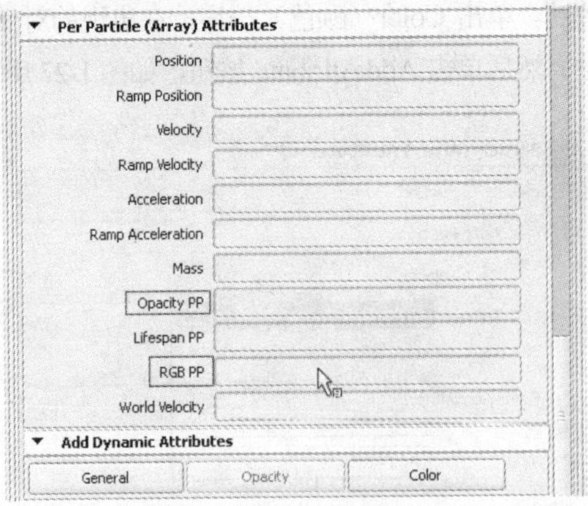

图 1-29

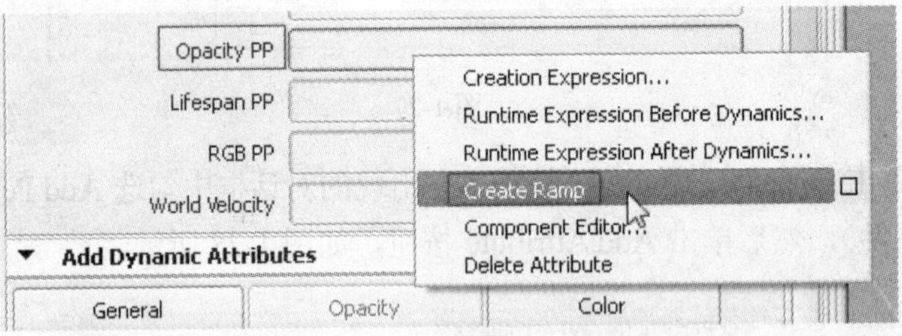

图 1-30

图 1-31

11)执行菜单命令后属性编辑器将切换到渐变节点,为了增加透明效果,将 Interpolation(插补)属性设置为 Exponential Down(指数向下),使代表透明效果的黑色会更加明显,代表不透明效果的白色则被削弱。Selected Position(被选位置)属性所表示的意思是在 0 位置的颜色代表粒子刚生成时的透明度,在 1 位置的颜色代表粒子刚死亡时的透明度,如图 1-32 所示。

12)下面编辑每粒子的颜色。在 RGB PP(每粒子颜色)属性后面的空白处单击右键,在出现的快捷菜单中选择 Create Ramp(生成渐变)命令,如图 1-33 所示。

13)执行完上一步操作后,Maya 会打开 Create Ramp Options(建立新渐变节点选项)对话框,在 Input　V 后的下拉列表中选择 rgbVPP 选项,然后单击 OK 按钮,如图 1-34 所示。

14)接下来重新选择粒子。在属性编辑器中会出现新的每粒子属性 Rgb VPP,在该属性后面的空白处单击右键,选择快捷菜单中的 Creation Expression...(生成表达式)命令,如图 1-35 所示。

项目1 制作彩色火星飞溅效果

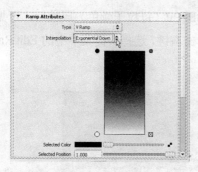

图 1-32

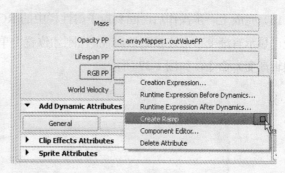

图 1-33

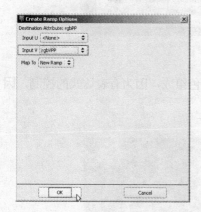

图 1-34

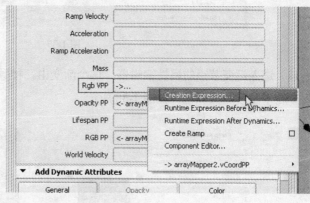

图 1-35

15) Maya 会打开一个新的 Expression Editor（表达式编辑）对话框用于输入表达式。选中 Creation（生成）单选按钮，使这个表达式在每个粒子生成的时候运行一次。在文本框中输入表达式 "rgb VPP=rand（1）"然后单击 Create 按钮，如图 1-36 所示。

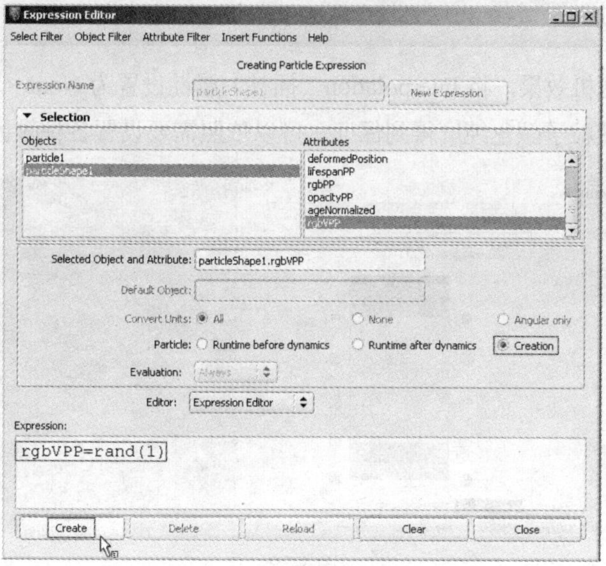

图 1-36

16）完成上一步操作后，回到粒子属性栏中的 RGB PP（每粒子颜色）属性后，可见空白处已显示有渐变节点连接到该属性。在刚才位置上单击右键，选择快捷菜单中的 Edit Ramp（编辑渐变）命令，如图 1-37 所示。

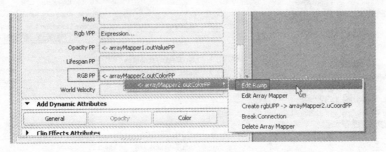

图 1-37

17）进入渐变节点的属性编辑器，这个渐变由三种颜色组成，因为有表达式的控制，因此每个粒子呈现随机颜色，如图 1-38 所示。

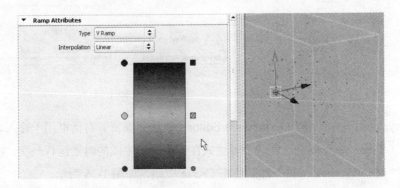

图 1-38

18）为了增加随机效果，将 Interpolation（插补）属性设置为 None（无），使每种颜色之间不会产生渐变，使粒子颜色纯度得到保证。可以依照需要设置各种颜色，如图 1-39 所示。

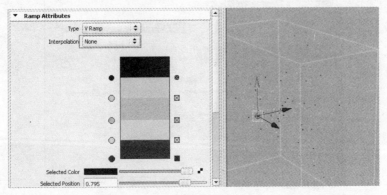

图 1-39

项目 1 制作彩色火星飞溅效果

19）默认的点状粒子无法达到需要的效果，接下来设置粒子的渲染类型。展开粒子属性编辑器中的 Render Attributes（渲染属性）栏，在 Particle Render Type（粒子渲染类型）下拉列表中选择 Streak（条纹）选项，然后单击 Current Render Type（现有渲染类型）按钮，条纹类型的粒子渲染属性会载入到粒子属性编辑器窗口，如图 1-40 所示。

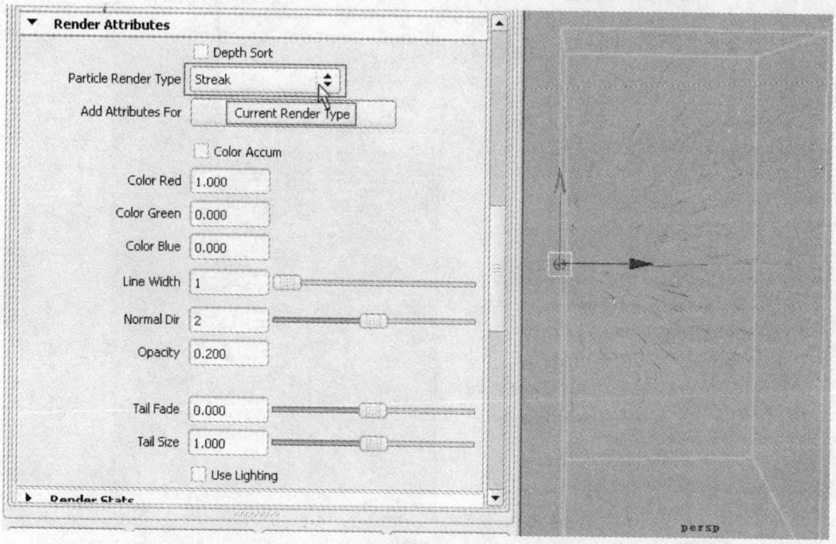

图 1-40

20）进一步调节粒子的渲染属性。单击选中 Color Accum（颜色积累）单选按钮；设置 Line Width（线条宽度）为 2；设置 Tail Fade（拖尾消逝）为 0.5；设置 Tail Size（拖尾大小）为 0.65，如图 1-41 所示。

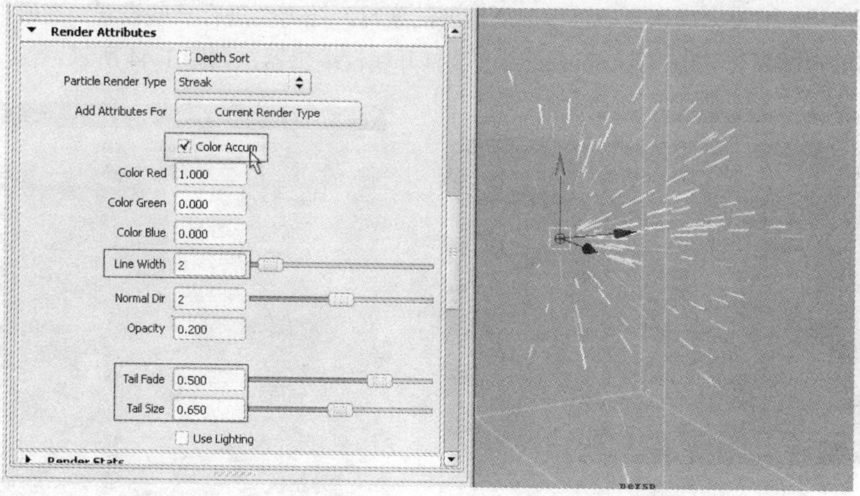

图 1-41

21）接下来对粒子进行渲染。注意：条纹粒子需要进行硬件渲染。选择菜单 Window→Rendering Editors→Hardware Render Buffer 命令，打开 Hardware Render Buffer 对话框，

15

如图 1-42 所示。

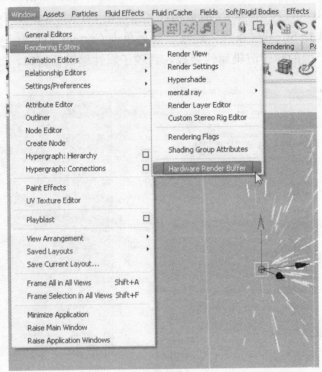

图 1-42

22）打开硬件渲染窗口后，可以通过这个窗口观察和渲染场景中的模型和粒子。注意，有些粒子只有通过硬件渲染才能渲染出来。导入模型文件 Dunpai.ma 后单击硬件渲染窗口中的"渲染当前帧"图标，如图 1-43 所示。

23）但是要渲染出后期合成过程中所需要的素材，还需要进行一些设置。在硬件渲染对话框的菜单中选择 Render→Attributes..命令，打开属性编辑器，如图 1-44 所示。

图 1-43

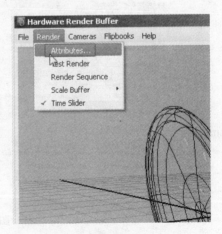

图 1-44

24）在属性编辑器中新出现的 Image Output Files（图片输出文件）栏中，可以设置多个

项目 1　制作彩色火星飞溅效果

渲染属性，如图 1-45 所示。各项属性及其功能如下所示。

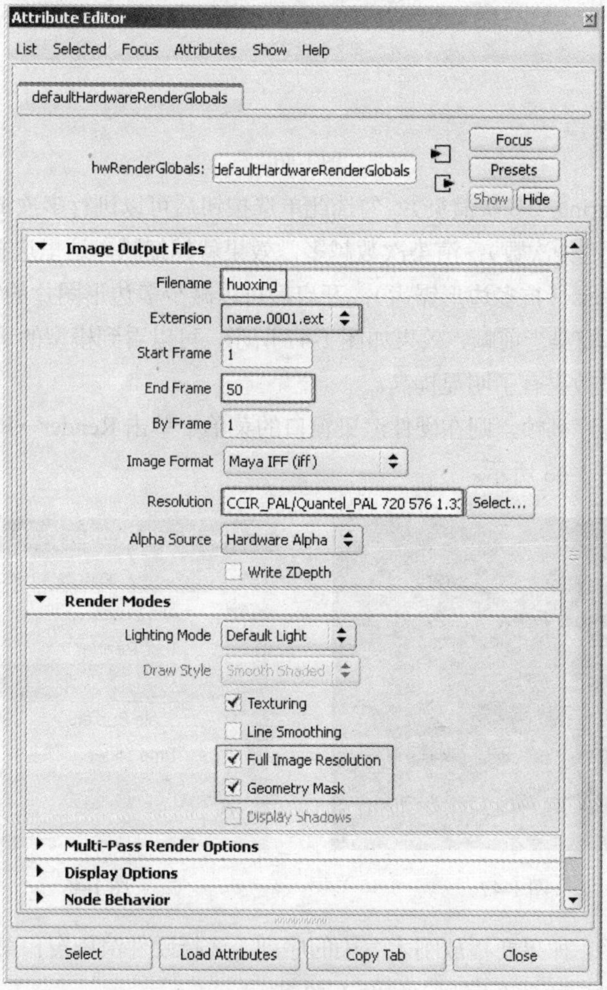

图 1-45

Filename（文件名称）：输入图片名称，这里输入 huoxing。

Extension（后缀）：可以选择图片名称的后缀方式，建议采用 name.0001.ext。

End Frame（结束帧数）：设置序列长度。

Resolution（分辨率）：有很多预设比例，选择国内标准的 PAL 制 720×576 像素格式。

Alpha Source（通道源）：选择 Hardware Alpha 硬件通道选项。

在 Render Modes（渲染模式）栏中，可以设置的属性如下：

Full Image Resolution（完整图片分辨率）：勾选这个选项后可以保证在渲染大图时以 1∶1 的比例渲染。

Geometry Mask（多边形）：多边形遮罩，可以扣掉被多边形遮挡部分，便于后期合成。

25）Multi-Pass Render Options（多重渲染选项）栏可以通过多次渲染来获得细腻精致的渲染结果，如图 1-46 所示。其各项属性及其功能如下：

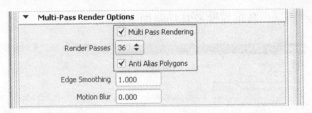

图 1-46

Multi Pass Rendering（多次渲染）：勾选此单选按钮后可以进行多次渲染。

Render Passes（渲染次数）：渲染次数越多，效果就越细腻，这里选择 36 次。

Anti Alias Polygons（抗多边形锯齿）：开启后可以减少多边形图片的锯齿。

26）设置完成后渲染当前帧，效果如图 1-47 所示，可以看到模型的遮挡效果并且粒子的渲染质量比先前渲染效果有了明显提高。

27）如果渲染程序列帧，则在硬件渲染窗口的菜单中单击 Render→Render Sequence（渲染程序）命令，如图 1-48 所示。

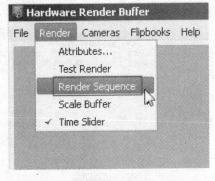

图 1-47　　　　　　　　　　　图 1-48

28）渲染完成后，如果要播放刚才渲染的序列，选择硬件渲染窗口菜单 Flipbooks，其命令菜单中有渲染完成后的各个序列，如图 1-49 所示。

29）选择刚才的渲染结果后，Maya 自动打开 FCheck 窗口播放渲染序列。注意：此时可以切换到 Alpha 通道（观察图片的通道），如图 1-50 所示。

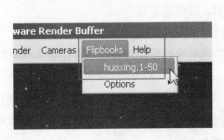
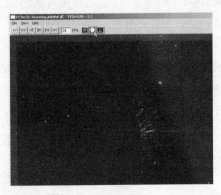

图 1-49　　　　　　　　　　　图 1-50

项目1 制作彩色火星飞溅效果

30）感觉对当前效果满意后切换到摄像机视图进行最后的渲染，这些素材可以作为后期软件的图层，最终合成镜头效果，如图 1-51 所示。

图 1-51

 项目小结

彩色火星飞溅效果是《侠岚》动画中出现的一个基础动力学范例。该效果通过设置每粒子颜色和透明度属性，使各种颜色的火星从一个点发射，并且很快消失。该效果涉及 Maya 粒子系统的很多基础概念，是动力学的基础范例。在本项目中，首先需要建立粒子发射器并在短时间内发射大量粒子来实现基本效果，然后通过限制粒子的使用寿命，使粒子在一定时间后"死亡"从而实现粒子逐步消失，最后设置每粒子的透明度和颜色。注意输出时使用硬件渲染。

 实践演练

使用粒子发射器和粒子系统，制作一个彩色烟花在空中爆炸的效果。
要求：
1）使用全局粒子发射器，使烟花从一个爆炸点向四周剧烈爆发出来。
2）烟花粒子要有各种颜色，透明度逐渐减淡并消失。
3）作品完整，动画流畅。

项目 2　制作火圈燃烧效果

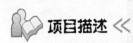 项目描述

　　火圈燃烧效果是《侠岚》动画情节中出现的一个动力学效果。主要通过从物体上发射粒子，并且用粒子模拟火焰的功能，使火焰呈环形燃烧，火圈燃烧的效果图，如图 2-1 所示。

图 2-1

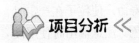 项目分析

　　首先需要建立一个平面，并从这个平面物体上发射粒子。然后根据效果需要调整粒子的发射属性和范围，并使用 Maya 自带的火焰效果进行模拟，同时连接特定的火焰粒子和物体表面发射器。本项目的制作分为 2 个任务来完成。

任　　务	流　程　简　介
任务 1	建立表面粒子发射器和火焰粒子
任务 2	使用动力学关系编辑器

项目教学及实施建议 16 学时。

 知识准备

1. 曲面粒子发射器

　　功能说明：可以从 NURBS 或者多边形曲面上的随机分布位置发射粒子。

　　操作方法：选择物体的同时，选择菜单命令建立发射器。然后选择粒子发射器，进入属性编辑器，编辑属性参数。

　　常用参数解析：创建物体或曲面，选中所创建的物体，单击菜栏中 Particles（粒子）→ Emit from Object（从物体上发射）→□（选项窗口）命令。在选项窗口中，将 Emitter type（发

项目 2 制作火圈燃烧效果

射器类型）设置为 Surface（表面）。其中，Emitter type（发射器类型）有 Omni（泛向）、Directional（定向）、Surface（表面）、Curve（曲线）、Volume（体积）5 种。

2. Maya 自带火焰效果

功能说明：使用 Maya 自带的动力学效果，可模拟火焰。

操作方法：选择物体的同时，选择菜单命令建立发射器。然后选择粒子物体，进入属性编辑器，编辑属性参数。

常用参数解析：选择菜单 Effects（效果）→Create Fire（生成火焰）命令。Maya 自带火焰效果可设置属性有 Object On Fire（着火对象）、Fire Particle Name（火粒子名称）、Fire Emitter Type（火发射器类型）、Fire Density（火密度）、Fire Intensity（火强度）、Fire Speed（火速率）、Fire Direction（火方向）、Fire Turbulence（火湍流）、Fire Scale（火比例）、Fire Lifespan（火寿命）等。

3. Dynamic Relationships Editor（动力学关系编辑器）

功能说明：可将动力学对象与 Maya 场、碰撞几何体、发射器等对象建立或者断开动力学关系。

操作方法：选择菜单命令，打开编辑器窗口，在窗口中进行操作。

常用参数解析：选择菜单 Window→Relationship Editors→Dynamic Relationships（动力学关系）命令，开启 Dynamic Relationships Editor（动力学关系编辑器）窗口。

在 Dynamic Relationships Editor（动力学关系编辑器）窗口中，其左栏内出现的节点为"要显示的连接对象"，右栏上方为"要建立或要断开的连接类别"，右栏下方区域为"符合类别要求的已连接或可以连接对象"，如图 2-2 所示。

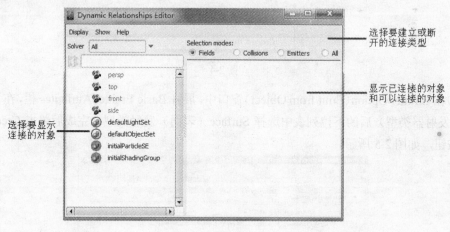

图 2-2

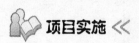 项目实施

任务 1 建立表面粒子发射器和火焰粒子

1）首先建立一个 NURBS 曲面来作为粒子发射的源物体，并将其放大到 25 倍，如图 2-3 所示。

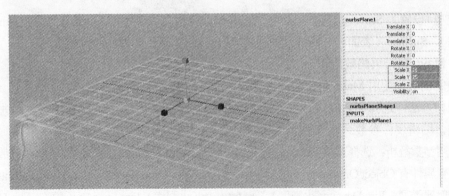

图 2-3

2）接下来选择菜单命令 Particles（粒子）→Emit from Object（从物体上发射）→□（选项窗口）命令，打开选项窗口，如图 2-4 所示。

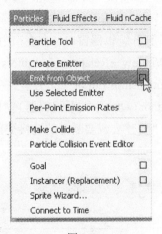

图 2-4

3）在 Emitter Option（Emit from Object）窗口中，展开 Basic Emitter Attributes 栏，在 Emitter type（发射器类型）后的下拉列表中选择 Surface（表面）发射类型，完成后单击 Create（生成）按钮，如图 2-5 所示。

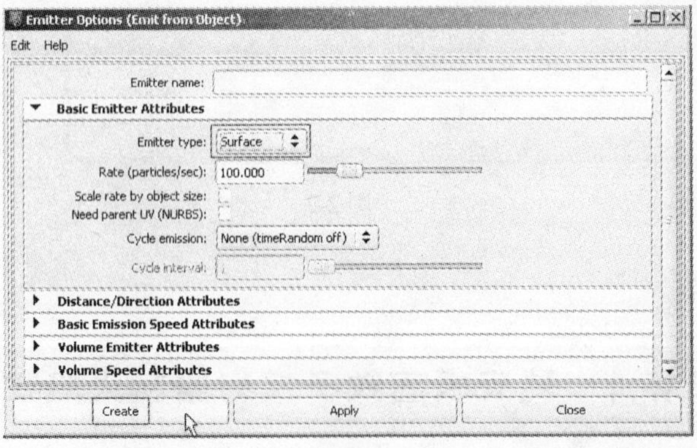

图 2-5

4）执行上述菜单命令后，在大纲视图中展开 nurbsPlane1 的层级可以看到，在它的子集中出现了名为 emitter1 的发射器，同时此发射器是基于该物体的发射器，如图 2-6 所示。

5）播放动画，粒子将从曲面上随机地发射出来，如图 2-7 所示。注意，如果选择原来的发射方式，比如全局发射或方向发射，粒子将会以物体上每个顶点为发射源，而不是从物体表面发射。

图 2-6

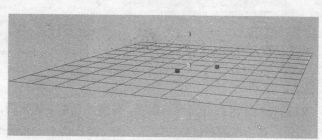

图 2-7

6）选中发射器 emitter1 后，按<Ctrl+A>组合键打开发射器的属性编辑器，展开 Texture Emission Attributes（纹理发射属性）栏。单击 Particle Color（粒子颜色）后面的"■"图标在打开 Create Render Node（创建渲染节点）窗口，选择 Checker（棋盘格）纹理，如图 2-8 所示。

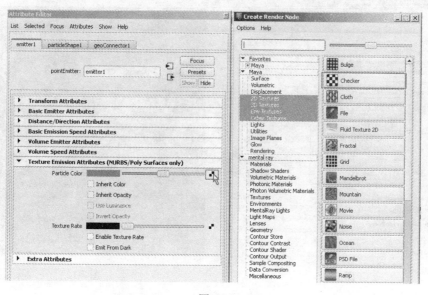

图 2-8

7）可以根据需要编辑这个棋盘格纹理的颜色，比如设置为红白格纹理，如图 2-9 所示。

8）接下来，在发射器属性编辑器中的 Texture Emission Attributes 栏中，单击选择 Inherit Color（继承颜色）单选按钮，如图 2-10 所示。

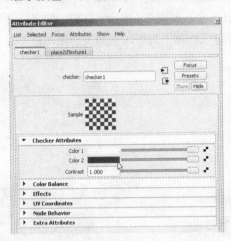

图 2-9　　　　　　　　　　　　　　图 2-10

9）选择粒子并打开属性编辑器，参照项目 1 中的步骤，添加每粒子颜色。单击 Color（颜色）按钮，在出现的对话框中勾选 Add Per Particle Attribute（添加每物体属性）选项，然后单击 Add Attribute 按钮，如图 2-11 所示。

10）添加完属性后，再次播放动画，从顶视图上可以清楚地看到棋盘格纹理影响了粒子的颜色，如图 2-12 所示。

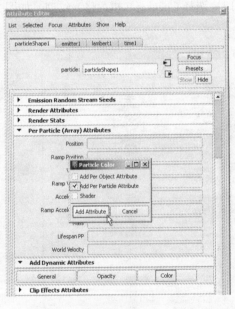
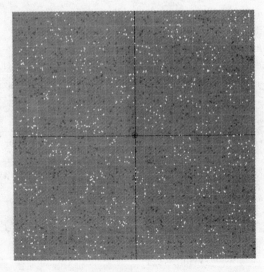

图 2-11　　　　　　　　　　　　　　图 2-12

11）接下来用纹理来控制粒子的透明度。第一步是设置发射器的属性，在 Texture Emission Attributes 栏，单击选中 Inherit Opacity（继承透明）复选框，如图 2-13 所示。

12）设置每粒子透明属性。打开粒子的属性编辑器，单击 Opacity（透明度）按钮，在出现的对话框中勾选 Add Per Particle Attribute（添加每物体属性）复选框，然后单击 Add Attribute 按钮，如图 2-14 所示。

图 2-13

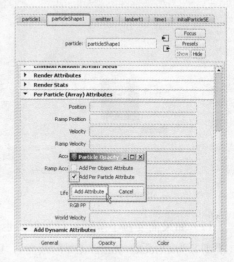

图 2-14

13）再次播放动画，可以看到纹理设置不仅影响了粒子的颜色还影响了粒子的透明度，如图 2-15 所示。

14）了解了纹理如何控制粒子的属性后，接下来通过设置纹理控制粒子的发射量和发射范围。依然在 Texture Emission Attributes 栏中，单击选中 Enable Texture Rate 选项，并单击 Texture Rate 选项后面的图标，建立一个 Ramp（渐变）纹理，如图 2-16 所示。

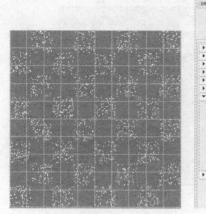

图 2-15

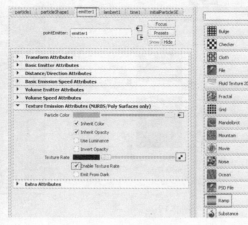

图 2-16

15）设置渐变纹理为黑白过渡，如图 2-17 所示。

16）重新播放动画并用网格模式显示，可以看到渐变纹理影响了发射器发射粒子的数量。其中白色的部分保持了原来发射的数量，而黑色部分则不发射，如图 2-18 所示。

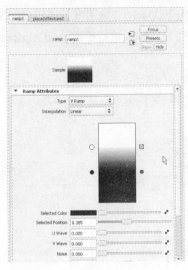

图 2-17

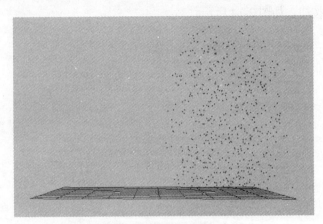

图 2-18

17）如果需要粒子呈圆环状发射，也可以通过编辑渐变纹理的形态来完成。设置 Type（类型）为 Circular Ramp（圆形渐变），Interpolation（插补）为 None（无），然后通过黑白调节来形成一个白色圆环，如图 2-19 所示。

18）完成上一步设置后，从顶视图观察，可以看到粒子呈圆环状发射，如图 2-20 所示。

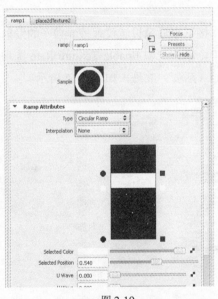

图 2-19

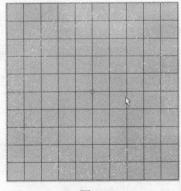

图 2-20

19）接下来使用 Maya 自带的"火焰效果"功能来制作粒子火焰效果。首先为了便于下一步的操作，隐藏曲面模型物体 nurbsPlane1 和粒子物体 Particle1，然后建立一个 NURBS 球形基本体 nurbsSphere1，在选中球形物体的情况下单击菜单命令 Effects（效果）→Create Fire（生成火焰）命令，如图 2-21 所示。

项目2 制作火圈燃烧效果

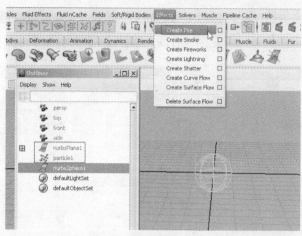

图 2-21

20）执行菜单命令后，在大纲视图中可以看到场景中出现了很多新的物体，包括新的粒子物体 Particle2，拖拽场 drag Field1、重力场 gravity Field1 和一个组 group1。这些都对粒子起到影响作用，但都不用手动去编辑和调节，如图 2-22 所示。

21）渲染一下效果，可以看到 Maya 自带的火焰效果已经可以较为逼真地模拟火焰燃烧的效果了，如图 2-23 所示。

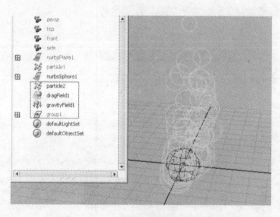 

图 2-22　　　　　　　　　　　　　图 2-23

任务2　使用动力学关系编辑器

1）在完成基础发射器的制作后，就可以使用"动力学关系编辑器"让火焰粒子按照环形曲面发射器的设置，在同一时间大量发射。首先，启动"动力学关系编辑器"，选择菜单命令 Window→Relationship Editors→Dynamic Relationships（动力学关系）命令，打开 Dynamic Relationship Editor（动力学关系编辑器）窗口，如图 2-24 所示。

2）打开动力学编辑器窗口后，可以看到左侧类似于大纲视图，可以看见场景中的物体，单击 Particle1 即建立的第一个粒子物体为高亮状态，原先是由发射器 Emitter1 发射的，在窗口右侧选中 Emitters 选项，可以看见 Emitter1 为高亮连接状态。用鼠标左键单击一下 Emitter1，使其变为正常状态，则连接被打断，如图 2-25 所示。

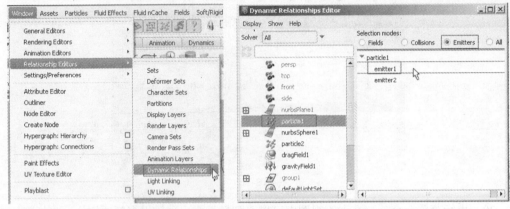

图 2-24　　　　　　　　　　　　　　　图 2-25

3）接下来在窗口左侧单击 Particle2，然后在右侧取消 Emitter2 的高亮状态并单击设置 Emitter1 为高亮状态，这样就取消了 Particle2 和它本身的发射器 Emitter2 的连接，并让它从曲面物体上的发射器 Emitter1 发射，如图 2-26 所示。

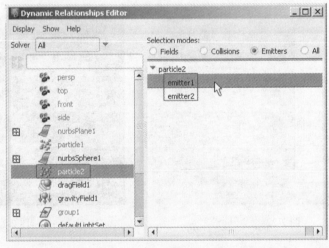

图 2-26

4）选中 Particle2，即火焰效果的粒子，按<Ctrl+A>组合键打开属性编辑器，切换到 emitter1 标签，可以看到当前连接的发射器的属性。在 Basic Emitter Attributes 栏中，调节属性 Rate，将其粒子发射量提高到 40 000/s 个，如图 2-27 所示。

5）切换到 particleShape2 标签，编辑火焰粒子形状节点的属性。展开 Extra Attributes（附加属性）栏，进行以下调节。

①将 Fire Spread（火焰分散）调节为 0，这样可以更好地维持环形，不使火焰分散形状。

②将 Fire Density（火焰密度）调节为 100，这样可以提高火焰的密度，保证其不变得稀疏。

项目 2　制作火圈燃烧效果

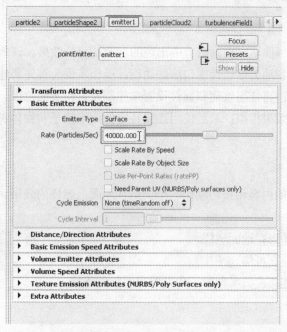

图 2-27

③将 Fire Intensity（火焰强度）调节为 0.2，可以适当调节辉光强度，防止曝光，便于后期调节，如图 2-28 所示。

6）调节参数后，重新播放动画并进行渲染，效果如图 2-29 所示。可以渲染序列后在后期中进行合成。

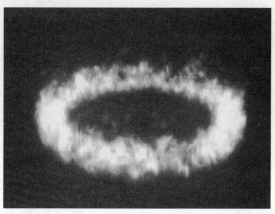

图 2-28　　　　　　　　　　图 2-29

29

项目小结

火圈燃烧效果是《侠岚》动画情节中出现的一个动力学效果。该效果主要使用了物体表面发射器、火焰效果和动力学连接窗口这些功能。操作步骤为首先要建立一个平面，从这个平面物体上发射粒子；再使用纹理和属性设置来控制发射粒子的范围；然后使用 Maya 自带的火焰效果进行火焰效果模拟；最后使用连接特定的火焰粒子和物体表面发射器。

 实践演练

使用本项目所学的内容和技巧制作一个火焰在地面上燃烧的效果。

要求：

1）火焰要以圆环形在地面燃烧。
2）火焰效果要逼真可信。
3）使用动力学连接窗口实现粒子和发射器之间的连接。

项目 3 制作雨打玻璃效果

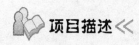

本项目主要讲述应用动力学粒子制作一个雨打玻璃效果。在动画或 CG 电影镜头中，常常可以看到角色透过橱窗或者街景玻璃看窗外下雨的场景，同时也伴随着雨滴打到玻璃上的效果。镜头下的效果是那么的朦胧美丽，这些都归功于 CG 人员制作技术的精湛，以及在后期合成校色中的出色把握。雨打玻璃的最终效果，如图 3-1 所示。

图 3-1

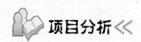

本项目首先使用体积粒子发射器制作下雨的效果。其中雨打玻璃效果主要是让读者通过制作与学习掌握并熟悉应用 Maya 粒子。粒子雨下落过程的形态是一个细条状，可使用粒子体积发射器实现；细条中下重上轻，并且带有透明效果，可以使用单条来制作完成下落过程中的雨；设置粒子与物体碰撞，可以用来制作雨水下落碰撞到物体或玻璃上时飞溅的粒子，粒子分散过程中形态也要符合重力及惯性效果，玻璃上的水珠可以用目标吸引来制作，但粒子形态类型需要改变，并且需要上材质。雨滴飞溅效果分为 5 个步骤来实现。第 1 步设置粒子与物体的目标吸引，修改目标吸引的属性，控制粒子运动的吸附能力；第 2 步添加每粒子碰撞和目标吸引属性，在表达式中添加两者的属性，控制其碰撞时的运动效果；第 3 步使用粒子表达式控制每个粒子属性，用表达式完成粒子的大小属性修改，让雨滴呈现不同形态的效果；第 4 步从粒子上发射粒子并设置新粒子的属性，给下落的雨水一个碰撞事件，目的是让雨水在撞击物体的一刹那产生粒子；第 5 步给粒子添加材质并进行渲染，给粒子一个反光材质，并调节它的透明度。Maya 中的雨水效果最主要就是调节它的反光，有了折射效果雨滴才更加逼真。因此，本项目的制作分为以下 2 个任务来完成。

任 务	流 程 简 介
任务1	制作下雨的效果
任务2	制作雨滴飞溅效果

项目教学及实施建议14学时。

知识准备

1. 体积粒子发射器

功能说明：体积发射器可以向四周或同一方向发射粒子。

操作方法：直接在显示框中单击执行命令。

常用参数解析：在 Dynamics 面板下，单击 Particle→Create Emitter→□（选项窗口）命令，开启 Emitter Options（Create）窗口，如图3-2所示。

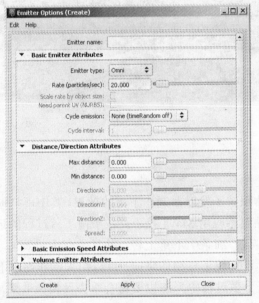

图3-2

打开 Volume Emitter Attributes 栏，如图3-3所示。

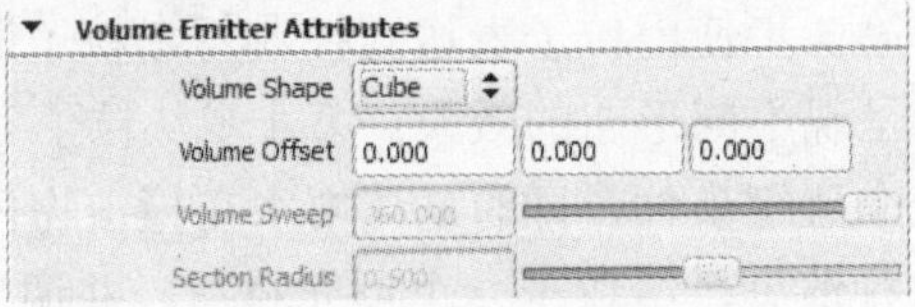

图3-3

其中，Volume Shape（体积形状）后的下拉列表可设定体积形状，可选形状为 Cube

（立方体）、Sphere（球体）、Cylinder（圆柱体）、Cone（圆锥体）和 Torus（圆环），如图 3-4、图 3-5 所示。

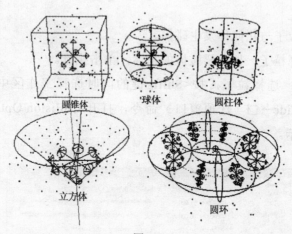

图 3-4

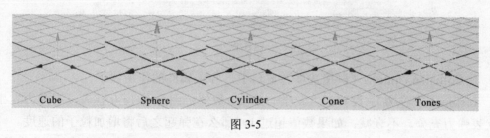

图 3-5

Volume Offset（体积发射器的偏移）：如果旋转发射器，则此偏移方向也将随之旋转，因为它是在局部空间中进行工作的。

Volume Sweep（体积发射器旋转角度）：规定除了立方体外其他体积的旋转角度，如图 3-6 所示。

Section Radius（只用于圆环）：规定了圆环固体部分的厚度，与圆环的中心环半径相关。圆环中心环半径是由发射器缩放决定的。如果缩放发射器，Section Radius 将保持其与中心环的比例关系，如图 3-7 所示。

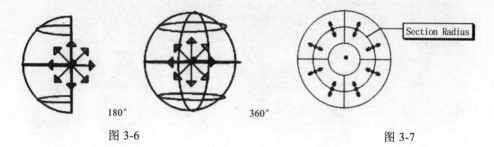

图 3-6   图 3-7

Die on Emission Volume Exit（隐藏发射器）：如果打开此属性，则被发射粒子离开此体积后将会消失。尽管这是一个粒子形节点属性，用户可以使用 Emitter 选项窗口对其进行初始设置。如果用户希望在创建发射器后编辑此属性,可以在 Attribute Editor Volume Exit 粒子形节点属性中显示。

2. 使碰撞

功能说明:使粒子与几何体发生碰撞。

操作方法:选择粒子,加选要碰撞的物体,单击执行。

常用参数解析:选择粒子,按<Shift>键的同时选择工作区中的几何体,使用 Particle→Make Collide→□(选项窗口)命令,打开 Collision Options(碰撞选项)窗口,如图 3-8 所示。

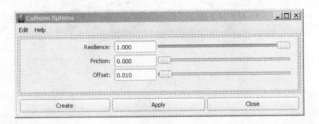

图 3-8

在 Collision Options(碰撞选项)窗口中,各项属性的作用如下。

Resilience(弹力):设置弹力发生的数值,数值范围为 0~1。0 代表没有弹力发生;1 代表弹力充分,不衰减;如果数值超过 1,那么在弹起之后将增加粒子的速度。

Friction(摩擦力):可以控制粒子与物体碰撞弹起时粒子速度的命令。0 代表粒子与物体碰撞时不产生摩擦力,只有 0~1 之间的值可以产生接近自然的摩擦力,如果超出数值范围就会夸大其效果,如图 3-9 所示。

Offset(碰撞偏移):可以调整粒子与物体碰撞之后粒子平行线的偏移位置,如图 3-10 所示。

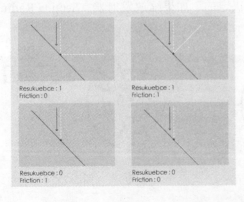

图 3-9

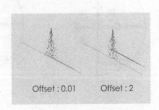

图 3-10

项目 3 制作雨打玻璃效果

注意：
用 Resilience 和 Friction 两个值互相配合设置，能使效果更加真实自然。

3. 粒子碰撞事件编辑器（Particle Collision Events Editor）

功能说明：能够为 Maya 经典粒子和 nParticle 创建、编辑和删除碰撞事件。

操作方法：选择粒子，单击执行。

常用参数解析：在 Dynamics 菜单集中，单击 Particles→Particle Collision Events Editor（粒子碰撞事件编辑器）命令，打开粒子碰撞事件编辑器，如图 3-11 所示。

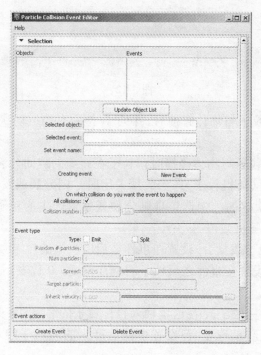

图 3-11

　Objects and Events（物体与事件）：在物体列举栏中选择粒子，相应粒子的碰撞事件就会出现在事件列举栏中。

　Update Object List（更新物体列表）：当删除粒子或者是增加粒子物体时，单击这个按钮就会更新物体列表。

　Selected Object（选择的物体）：显示选择的粒子物体。

　Selected Event（选择的事件）：显示选择的粒子事件。

　Set event Name（设置事件命名）：创建或修改事件的名称。

　Creating Event（状态标签）：显示当前状态是新建事件或者是修改事件。

　New Event（新建事件）：单击此按钮给选定粒子增加新的碰撞事件。

　All Collisions（所有碰撞）：此选项被勾选，当前碰撞事件将会应用到所有的碰撞上。

如果 All collisions 选项取消勾选，则事件会按照所设置的 Collision Number 进行碰撞事件。比如 1 为第一次碰撞，2 为第二次碰撞。

粒子碰撞事件 Type（类型）可分为两种，即 Emit（发射）类型和 Split（分裂）类型，可根据不同项目来选择分裂的类型，如图 3-12 所示。

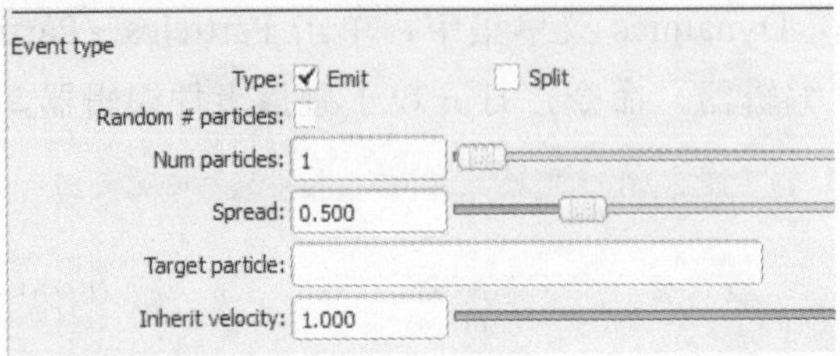

图 3-12

Emit（发射）：当粒子与物体碰撞时，粒子保持原有的运动状态，在碰撞之后能够发射出新的粒子。

Split（分裂）：当粒子与物体碰撞时，粒子在碰撞的瞬间分裂成新的粒子。

Random#Particles（随机粒子）：当此项关闭时，则分裂或发射产生的粒子数目是由"Num Particles"决定的；勾选该项则分裂或发射产生的粒子数目是 1 和"Num Particles"数值之间的随机数值。

Num Particles（粒子数量）：设置在事件之后所产生的粒子数量。

Spread（展开）：设置在事件之后粒子的展开角度。0 代表不展开，0.5 代表 90°，1 代表 180°。

Target Particle（目标粒子）：在这里输入目标粒子的名字，事件后不产生新的粒子。

Inherit Velocity（继承速度）：设置事件后产生的新粒子继承碰撞粒子速度的百分比。

Original Particle Die（原始粒子死亡）：勾选此项，当粒子与物体碰撞时死亡。

Event Procedure（事件程序）：任何在物体列举栏中的 Particle 物体都可以使用这个碰撞事件程序，事件程序是一个 mel 脚本文件，它有着规定的书写方式如下。

global proc my EventProc（string $particleName, int $particleId, string $objectName）

$particleName 是指使用这个时间程序的 particle 物体，$particleId 是 particle 物体的 ID 序号，$objectName 是指 particle 碰撞的物体。

注意：

Particle Collision Event Editor 既能够创建粒子的碰撞时间，也能修改粒子的碰撞时间，它集创建和修改界面于一身，有别于其他命令的参数形式。

中文版"碰撞事件编辑器"界面以及各区域说明，如图 3-13 所示。

项目3 制作雨打玻璃效果

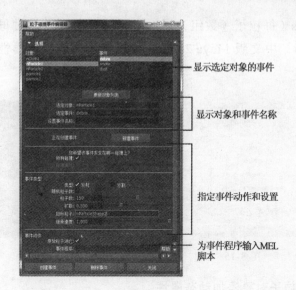

图 3-13

4. 编辑目标属性

功能说明：设置粒子移动的目标点，这个目标可以是物体的 transform 值，也可以是物体上的点。

操作方法：选择粒子，按<Shift>键加选 Geometry 物体单击执行。

常用参数解析：按<Shift>键的同时选中物体与粒子，然后单击菜单命令 Particles→Goal→□（选项窗口）命令，打开 Goal options（目标选项）窗口，如图 3-14 所示。

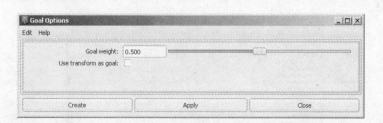

图 3-14

Goal weight（目标吸引强度）：设置该数值可以让粒子吸附到物体上，数值的区间是 0~1，0 为不吸附，1 为完全吸附。

Use transform as goal（变形吸附）：勾选此数值，吸附的粒子可以随物体的运动而变形。

5. 基于每粒子设定属性

功能说明：属性提供不同的控制位置或运动的方式。

操作方法：单击执行。

常用参数解析：选择粒子对象时，Attribute Editor（属性编辑器）的 Per Particle

（Array）Attributes（每粒子（数组）属性）区域显示可以针对每个粒子设定的属性，如图 3-15 所示。中文版 Maya 2013 的"每粒子（数组）属性"栏，如图 3-16 所示。

图 3-15

图 3-16

6. 有选择地向粒子对象添加动态属性

功能说明：可以根据个人需要添加动态属性。

操作方法：在 Attribute Editor（属性编辑器）的 Add Dynamics Attributes（添加动态属性）区域中，单击 General（常规）按钮，打开 Add Attribute（添加属性）对话框，选择 Particle（粒子）选项卡。选择属性，单击 Add（添加）按钮以添加属性。

常用参数解析：Add Attribute：particle Shape1（添加属性）窗口的 Particle（粒子）选项卡，如图 3-17 所示。

图 3-17

项目 3　制作雨打玻璃效果

7. 表达式编辑器（Expression Editor）

功能说明：可以根据个人需要添加动态属性。

操作方法：单击 Window（窗口）→Animation Editors（动画编辑器）→Expression Editor（表达式编辑器）命令，打开 Expression Editor（表达式编辑器）窗口。

常用参数解析：Expression Editor（表达式编辑器）窗口，如图 3-18 所示。

图 3-18

中文版 Maya 2013 中的公式编辑器界面，如图 3-19 所示

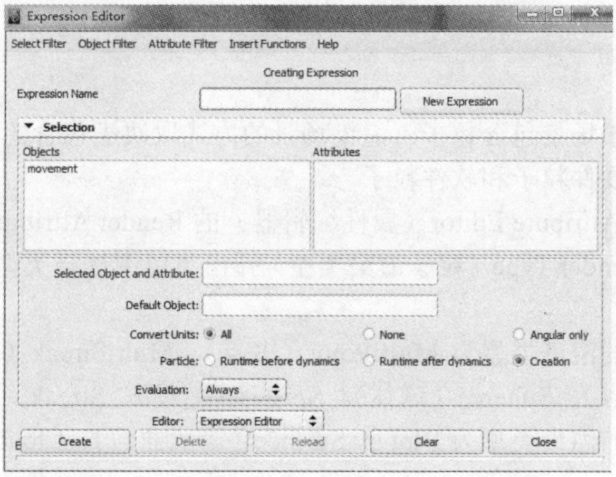

图 3-19

Expression Editor（表达式编辑器）默认情况下显示 Selection（选择）列表。该列表显示对象和属性的列表，或已创建的表达式的列表。创建新的表达方时，可以单击此列表中的一个对象，以选择该表达式应用到的默认对象，如图 3-20 所示。

39

三维动画制作企业案例教程——Maya 2013 三维特效技术

图 3-20

Expressions（表达式）列表显示在场景中创建的所有表达式。搜索要编辑的表达式时，单击此列表中的表达式以显示和编辑其内容，如图 3-21 所示

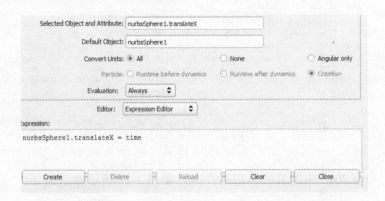

图 3-21

8. 渲染粒子

功能说明：如果场景包含粒子，渲染场景的方式取决于包含的粒子的类型。粒子类型主要有两种：硬件粒子和软件粒子。

操作方法：在 Attribute Editor（属性编辑器）的 Render Attributes（渲染属性）区域中，从 Particle Render Type（粒子渲染类型）弹出菜单中选择类型，如图 3-22 所示。

常用参数解析：

硬件渲染粒子的渲染类型为 MultiPoint（多点）、MultiStreak（多条纹）、Numeric（数值）、Points（点）、Spheres（球体）、Sprites（精灵）、Streak（条纹）7 种。

软件渲染粒子的渲染类型为 Blobby Surface（滴状曲面）、Cloud（云）、Tube（管）状体 3 种。

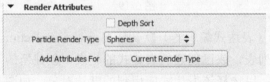

图 3-22

40

9. "渲染设置"(Render Settings)窗口

功能说明：Maya 硬件渲染器、Mental Ray For Maya 渲染器、Maya 软件渲染器、Maya 矢量渲染器的渲染设置都被合并到一个"渲染设置"(Render Settings)窗口中。

操作方法：选择粒子类型为融合球类型，给粒子贴材质。

常用参数解析：单击 Window（窗口）→Rendering Editors（渲染编辑器）→Render Settings（渲染设置）命令，如图 3-23 所示。

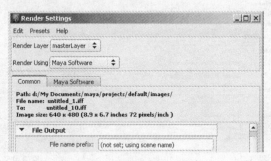

图 3-23

使用该窗口中的设置可设定场景范围内的渲染选项。特别是与每个对象的渲染设置一起使用时，通过这些渲染设置可以充分控制渲染图像的质量以及渲染图像的速度。

Render Layer（渲染层）：从下拉列表中选择要从中渲染的层。

Render Using（使用以下渲染器渲染）：从下拉列表中选择要使用的渲染器。

选项卡部分分为 Common（公用）选项卡和 Render-specific（特定于渲染器）选项卡两种。其中 Render-specific（特定于渲染器）选项卡包括 Maya Software、Maya Hardware、Mental Ray For Maya、Maya Vector 等选项卡。

10. 滴状曲面（Blobby surface）渲染类型的使用

功能说明：将粒子显示为变形球。变形球是一种可以混合在一起形成曲面的球体。滴状曲面仅显示在软件渲染的图像中。

操作方法：选择粒子类型为融合球类型，给粒子贴材质。

首先进入 Dynamics 模块，创建发射器并在 Attribute Editor（属性编辑器）进行设置，设置如图 3-24 所示。

设置 Emitter Type 为 Volume；Volume Shape 为 Cylinder：设置 Away Frow Axis 的值为 0；设置 Along Axis 的值为 1。这样做的目的是改变一个喷射点到一个喷射面，在空间中这个粒子从面发射要优于从点发射。既然这里是作一股从管子里涌出来的水流，那么选择的发射器的类型是柱型，改变了从默认的面积轴发射到沿着面积轴发射。Aawy From Axis 参数指定粒子离开圆柱体中心轴的速度。旋转移动发射器到管子的位置，如果表现的是阵雨或其他的效果，可以改变其他的参数。

播放动画到 2s 左右处，选择粒子打开 Attribute Editor（属性编辑器）。在 Attribute Editor（属性编辑器）中，将 Particle Render Type（粒子渲染类型）设定为 Blobby Surface（滴状曲面）类型，单击 Current Render Type 按钮。将 Radius 的值设置为 0.130，使粒子与滴状面相互作用，更像液体，如图 3-25 所示。

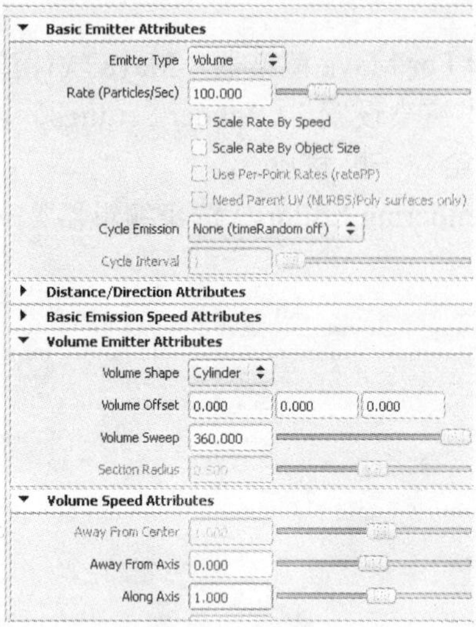

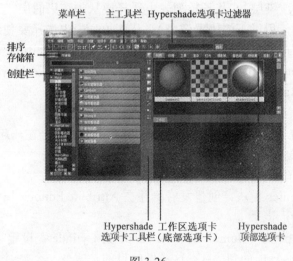

图 3-24 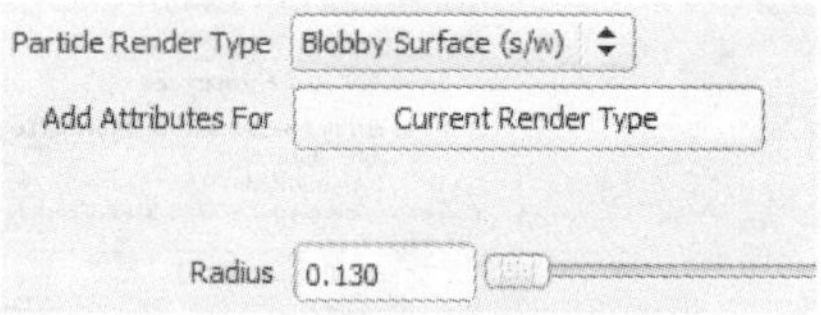　　　　　　　　　　　　图 3-25

然后单击 Window→Rendering Editors→Hypershade 命令，打开 Hypershade 窗口。Hypershade 窗口各功能区域，如图 3-26 所示。

图 3-26

创建一个 Blinn 材质节点和 Sampler Info、Color Blend 节点。用鼠标将 Sampler Info 节点拖到 Color Blend 上打开连接编辑器并选择 Facing 和 Blender。再用鼠标将 Color Blend 拖到 Blinn 上并选择 Transparancy，如图 3-27 所示。

双击 Colorblend 节点打开属性编辑器，Color1 变为白色；Color2 变为黑色，将看到 blinn 节点的边缘是不透明的，并且是向内部逐渐衰减直到透明，将 Color1、Color2 变灰。双击 blinn 节点调整想要的颜色。在这里用一个淡蓝色，在 specspecular color 属性加 brownian 纹理将材质赋予粒子。

项目 3　制作雨打玻璃效果

图 3-27

　　增加速率的值 10000，增加 Along From Axis 的值到 10。在 Outline 窗口中选择 Particle，按<Shift>键选择墙面，选择 Particles→Make Collide 命令。
　　Threshold 属性控制粒子之间的融合程度，其值越高，融合越强，若设置太高，则 Blobby Surface 效果将消失，当值为 0 时显示为单个粒子。
　　分别给值为 3 和 8 对比效果，也可以调整半径值，达到想要的效果。

　　注意：
　　如果要表现下水管道的水流效果，则需要调节柱型发射器的半径，使半径值更大。这里设置 Threshold 值为 0.8，半径为 0.63，使水流看上去更厚，更具有黏稠感。设置完成后，在水流碰到地面时，会稍微弹起。选择地面将发现通道盒中有了一个新的节点 geoConnector，设置其 Resilience 为 0.9，Friction 为 0.25。再选中粒子，执行 Fields→Turbulence 命令，并设置 Magnitude 为 30，就会出现流体效果。

　　设置完成后效果已接近了，但要注意在粒子接触到地面时，会变得小一些。因此将动画设为 5s，125 帧，lifespan 为 5s，Mode 为 constant。
　　设置完成后，效果已经接近预期但本任务想表现水从罐子里涌出来的效果，需要更大的粒子，但现在完成的效果中，粒子在接触到地面后会变小。因此，将动画设为 5s，125 帧，Lifspan 为 5s，Mode 为 Constant。
　　选中粒子，单击 Add Dynamics Attribute 下的 General 选项卡内选中 radius PP 参数单击<OK>按钮，添加 Radius PP 参数。添加完成后，选中 Radius PP，右击，在打开的快捷菜单中，选择 creat ramp 命令，选中 ramp2，右击，在打开的快捷菜单中选择 edit ramp 命令。在打开的窗口中，将看到一个从黑到白的渐变，控制粒子从诞生到死亡的过程，使粒子在 5 秒中由大到小，最后消失。渐变的设置，如图 3-28 所示。

　　注意：
　　在渲染过程中，不要移动 Hardware Render Buffer 或拖动其他的视窗来覆盖它。在渲染之前最好关闭所有其他的软件（因为 Maya 使用屏幕快照来保存硬件渲染的影像）。如果要取消渲染，按<Esc>键。当渲染结束后，如果要显示场景视图，在硬件渲染缓冲器中单击即可。

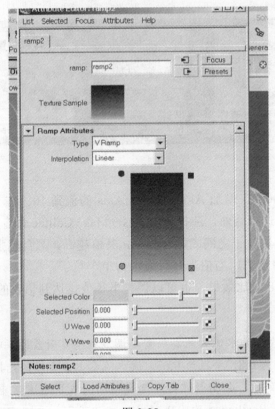

图 3-28

项目实施

任务 1 制作下雨的效果

1)打开 Maya,在 Dynamics 模块里单击菜单栏 Particle→Create Emitter 命令,设置发射器的类型为 Volume,并设置发射速率 Rate 为 100,如图 3-29 所示。

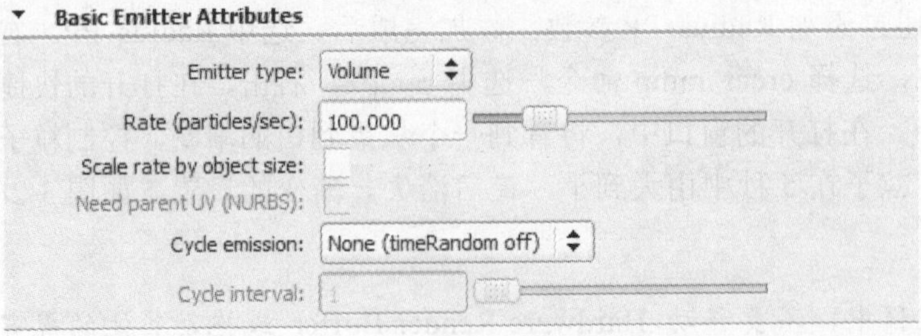

图 3-29

2)设置体积发射器的体积形状为 Cube,把握体积发射的方向,如图 3-30 所示。

3)设置粒子发射器的发射方向,使粒子向下发射而不是向四周发射,如图 3-31 所示。

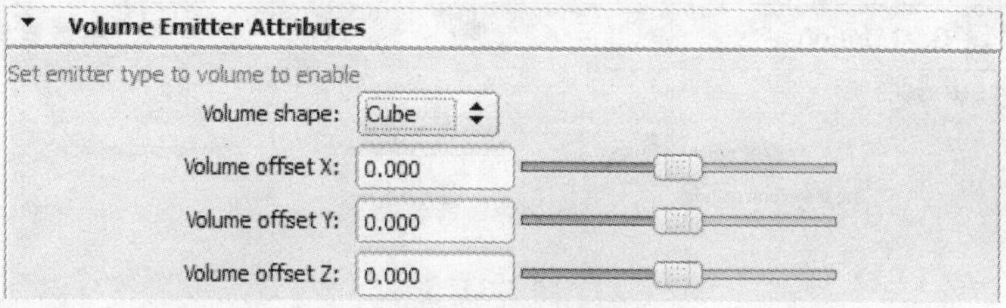

项目3　制作雨打玻璃效果

图 3-30

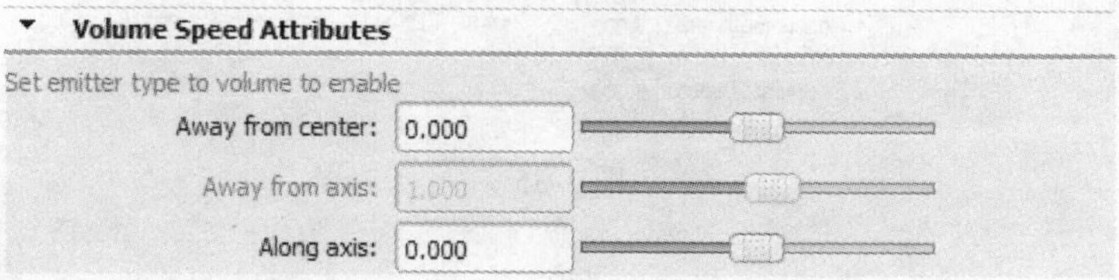

图 3-31

至此，下雨效果制作完成。

任务2　制作雨滴飞溅效果

1）接下来制作雨滴飞溅效果。首先建立一个平面，在 Outline 面板里选择 Particle 并加选平面，如图 3-32 所示。

2）单击 Particle→Make Collide（使碰撞）命令，在 Geo Connector Attributes 属性栏中修改弹力及摩擦，如图 3-33 所示。

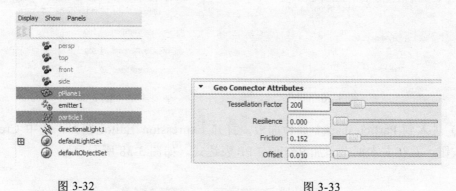

图 3-32　　　　　　　　　　　　　　　图 3-33

3）在 Outline 面板里再次选择粒子并加选平面，鼠标单击 Particle→Goal→□（选项窗口）命令，打开 Goal Options 对话框，设置 Goal weight 为 0.500，让粒子与平面有一个目标吸引效果。如果这时播放效果，将会发现发射器发射出的粒子会吸附到平面的点上，如图 3-34 所示。

4）进入粒子属性，在 Goal weights and Objects 栏里修改 Goal Smoothness 的值为 3.000，如图 3-35 所示。

45

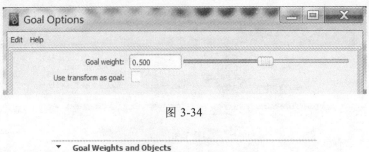

图 3-34

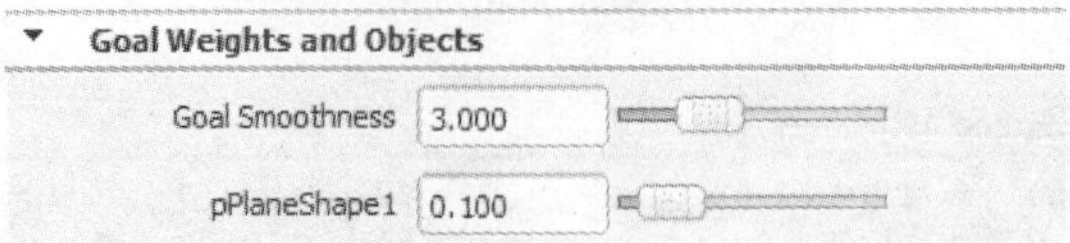

图 3-35

注意：

在动力学面板下播放的帧数为"每帧播放"，修改位置在软件的右下方 图标处，把 Playback Speed 修改为 Play Every Frame，这样修改有助于使特效能及时做到正确播放。

5）将粒子的发射类型改为 Blobby Surface（滴状曲面），如图 3-36 所示。

6）打开粒子生命属性列表，修改其生命属性并将 Lifespan Mode 设置为 Random range；Lifespan 设为 1，Lifespan Random 设为 1.5，如图 3-37 所示。

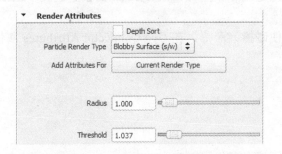 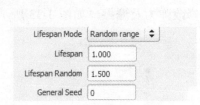

图 3-36　　　　　　　　　　　　　　图 3-37

7）进入到 Particleshape1 属性面板，打开 Expression Editor 窗口，选中 Creation 单选按钮，并在文本框中添加 Radius PP 表达式，如图 3-38 所示。

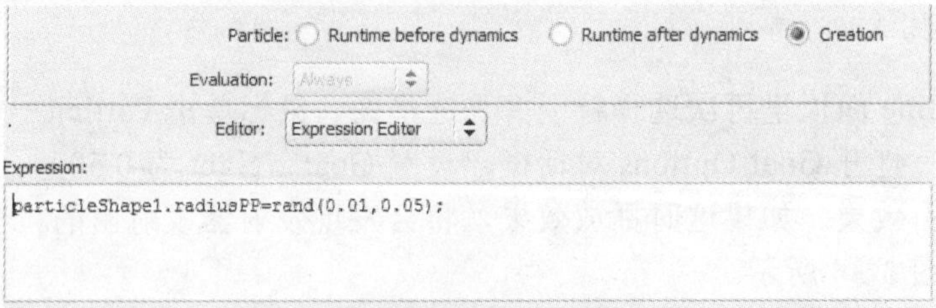

图 3-38

项目3 制作雨打玻璃效果

8）再选中目标物体，写入 Goal 表达式值，如图 3-39 所示，让粒子不完全吸附在平面上。

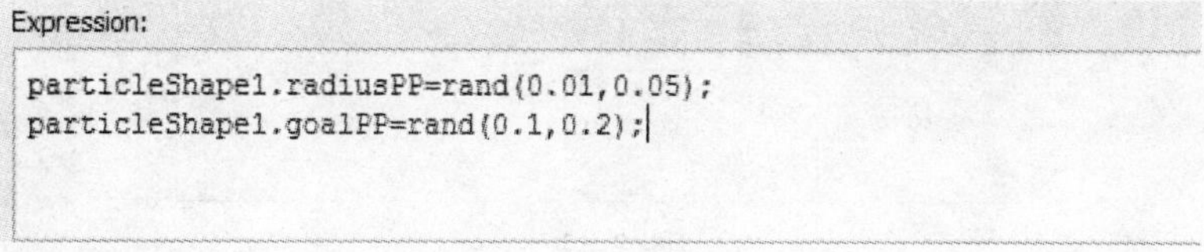

```
Expression:
particleShape1.radiusPP=rand(0.01,0.05);
particleShape1.goalPP=rand(0.1,0.2);
```

图 3-39

9）在 Outline 面板里选择粒子，单击 Particles→Particle Collision Editon（粒子碰撞事件编辑器）命令，打开 Particle Collision Event Editor（粒子碰撞事件编辑器）窗口，如图 3-40 所示。

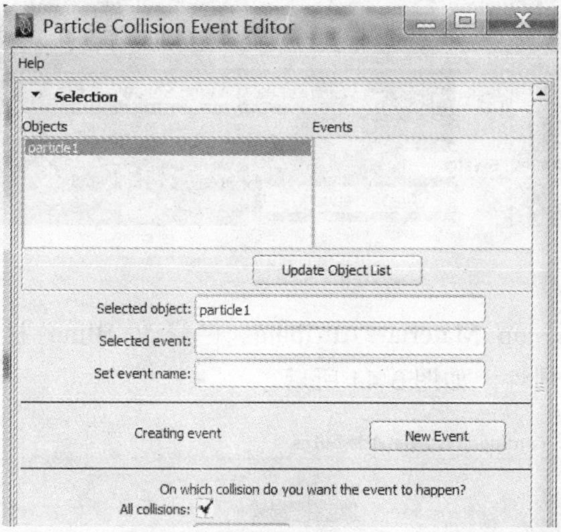

图 3-40

10）设置 Type 为 Emit（发射）类型，如图 3-41 所示。

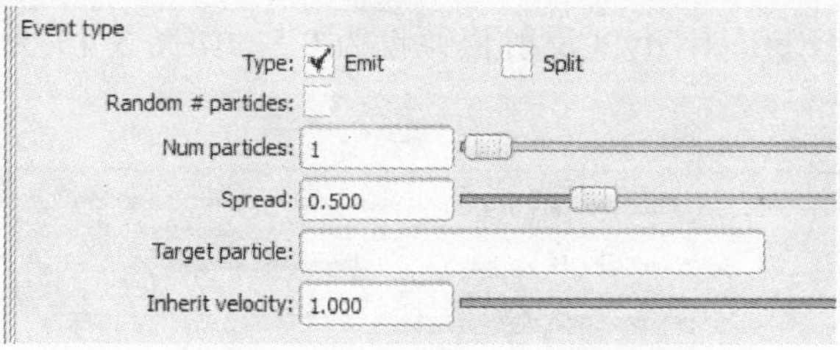

图 3-41

11）然后在属性编辑器中，将 Particle Render Type 设置为 Blobby Surface（滴状曲

面）类型。再将 Lifespan Mode 设置为 Constant，如图 3-42 所示。

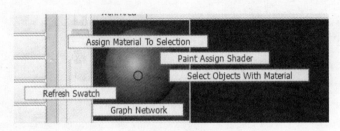

图 3-42

12）单击 Window→Rendering Editors→（渲染编辑器）Hypershade 命令，进入到材质编辑器，创建一个 Blinn 材质。选择 Particle，鼠标右键单击 Blinn 材质后在界面中将出现几个快捷命令，选择 Assign Materal To Selection（赋予材质）命令，如图 3-43 所示。

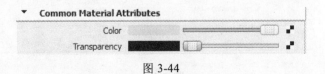

图 3-43

13）然后在 Common Material Attributes 栏修改 Blinn 材质 Color（颜色）、Transparency（透明）属性，如图 3-44 所示。

图 3-44

14）接下来在 Specular Shading 属性栏中调节高光选项，将 Eccentricity（高光偏离值）设为 3，将 Specular Roll Off（高光偏移）设为 0.843，将 Specular Color（高光颜色）设为蓝色，将 Reflectivity（反射值）设为 0.5，如图 3-45 所示。

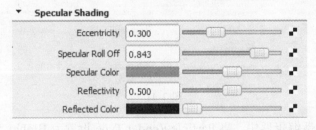

图 3-45

项目3 制作雨打玻璃效果

15）进入工具栏里的"渲染设置" 面板，单击 Maya Software，打开 Raytracing Quality（光线跟踪质量）下拉列表，勾选 Raytracing（光线跟踪）选项。渲染效果，如图 3-46 所示。

16）设置渲染序列。在 Frame Range 栏设置 End frame 属性为 100，如图 3-47 所示。

图 3-46   图 3-47

17）完成序列渲染后，运用 AE 等合成软件将雨滴与地面图片进行合成，最终效果，如图 3-48 所示。

图 3-48

注意：

硬件渲染一定要打开透明道，在图片类型上，tiff 质量介于 jpg 与 tga 之间，质量小，精度高，练习推荐使用此类型。

项目小结

动力学中的粒子是整个 Maya 中比较重要的特效部分，其制作的范围广，操作简捷。本项目整体由 Blobby Surface 类型完成雨滴的效果，制作时可以根据场景的大小来设定发射器的大小。本项目通过 14 个课时，分为 2 个任务进行制作讲解，从基础的创建发射器、particle 碰撞、变换粒子发射类型、深入刻画雨滴细节，最终渲染序列等操作逐步完成雨打玻璃效果。

实践演练

运用表达式来制作一个水滴落到玻璃上并滑落的效果。同时深入研究 Goal、GoalU、GoalV、ParentU、Parent 几个参数，如图 3-49 所示。

图 3-49

要求：

1）先创建发射器，通过发射方向向平面发射并产生碰撞，运用 Goal、GoalU、GoalV、ParentU、Parent 等参数实现雨滴流下的效果。

2）作品思路清晰，制作细致到位，画面整体透亮。

3）作品完整，视频流畅。

项目 4　制作粒子云爆炸尘土效果

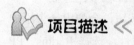 **项目描述**

粒子云爆炸尘土效果是《侠岚》比武情节中出现的一个粒子效果。该效果使用粒子来制作烟尘、烟雾,这种方式在影视动画中很常见。在本项目中将讲述粒子云和粒子云材质的使用。使用粒子云制作尘土飞扬场面的最终效果,如图 4-1 所示。

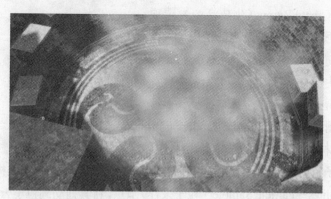

图 4-1

 项目分析

在本项目中,需要了解三个粒子属性,即每粒子半径、每粒子颜色和每粒子透明度。每粒子颜色和透明度属性需要通过粒子采样节点来连接材质球的属性;了解粒子云材质球的属性并进行反复的调整和尝试,完成粒子软件渲染。因此,本项目的制作分为以下 2 个任务来完成。

任　务	流 程 简 介
任务 1	制作粒子爆发的效果
任务 2	使用粒子云材质渲染粒子云效果

项目教学及实施建议 12 学时。

 知识准备

1. 粒子云粒子的设置

功能说明:使粒子能够以云雾形式进行软件渲染。

操作方法:选择粒子物体,进入属性编辑器,编辑属性参数。

常用参数解析:

选择粒子,打开属性编辑器,切换到粒子形状节点,即 ParticleShape1 标签。展开 Render Attributes(渲染属性)栏,设置 Particle Render Type(粒子渲染类型)为 Cloud(s/w)(云)。注意,凡是带有"(s/w)"字样的渲染方式都是可以使用软件进行渲染的粒子类型。

在 Add Dynamic Attributes(添加动力学属性)栏下单击 General 按钮,会弹出一个添加粒子属性对话框。切换到 Particle 标签,可以看见里面包含各种粒子属性,选择 Radius PP 属性,然后单击 OK 按钮。

完成上一步操作后,在 Per Particle(Array)Attributes(每粒子属性)栏中新出现了 Radius PP 属性,这个属性是设置每个粒子云粒子半径的属性,在它后方的空白处单击鼠标右键,选择 Create Ramp(生成渐变)选项。

2. 粒子云材质和粒子采样节点的使用

功能说明:使用材质球和材质节点实现粒子软件渲染。

操作方法:生成材质球,连接节点,赋予粒子物体。

常用参数解析:

打开材质编辑器单击 Window→Rendering Editors→Hypershade 命令,建立一个 Particle Cloud(粒子云)材质,并将其赋予粒子物体。

如果要让粒子云材质继承粒子的颜色和透明度,需要添加一个粒子采样节点,在材质编辑器左侧选择 Utilites→Particle Sampler(粒子采样)节点,将其拖动到粒子云材质的 Life Color 和 Life Transparency 属性上。

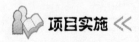

任务 1 制作粒子爆发的效果

1)首先打开建立粒子发射器的命令选项窗口,即单击 Particles(粒子)→Create Emitter(生成发射器)→□(选项窗口)命令,打开选项窗口。在之前的项目中简单接触过粒子发射器的类型,在制作项目 1 时使用的是方向发射器,而这次使用的是体积发射器。因为范例中的烟尘不是从一个点发生的,而是从一个空间范围内同时产生的,所以使用体积发射器。在选项窗口中,设置选项 Emitter type(发射器类型)为 Volume(体积),然后设置选项 Volume shape(体积形状)为 Sphere(球体),单击 Create(生成)按钮,如图 4-2 所示。

2)建立球形的粒子发射器后播放动画,可以看见粒子是在发射器的体积范围内随机位置产生的。在选择发射器的同时打开通道编辑器,发射器的通道属性下端可以看到一系列专门属于体积发射器的属性,如图 4-3 所示。

其中包括创建发射器窗口中 Volume Emitter Attributes 栏和 Volume Speed Attributes 栏的内容。

Volume Speed Attributes(体积速率属性):仅适用于粒子的初始速度。要在粒子移动时通过体积影响粒子,使用"体积轴"(Volum Axis)场。

项目4 制作粒子云爆炸尘土效果

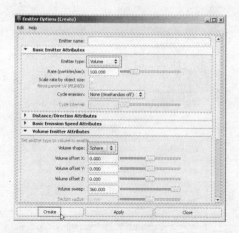

图 4-2

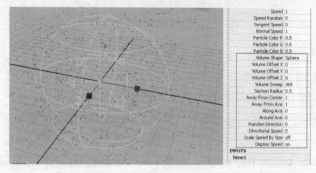

图 4-3

Away From Center（远离中心）：指定粒子离开立方体或球体体积中心点的速度。

Away From Axis（远离轴）：指定粒子离开圆柱体、圆锥体或圆环体体积的中心轴的速度。

Along Axis（沿轴）：指定粒子沿所有体积的中心轴移动的速度。中心轴定义为立方体和球体体积的 Y 正轴。

Around Axis（绕轴）：指定粒子绕所有体积的中心轴移动的速度。

Random Direction（随机方向）：为粒子的"体积速率属性"（Volume Speed attributes）的方向和初始速度添加不规则性，有点像"扩散"对其他发射器类型的作用。

Direcional Speed（平行光速率）：在由所有体积发射器的"方向 X""方向 Y""方向 Z"（Direction XYZ）属性指定的方向上增加速度。

Scale Speed by Size（按大小确定速率比例）：如果启用此属性，则当增加体积的大小时，粒子的速度也相应加快。

Display Speed（显示速率）：显示指示速率的箭头。

3）在本项目中粒子的发射也是爆发式的，所以要对粒子发射器的 Rate 属性进行设置。首先选择粒子发射器，单击<Ctrl+A>组合键打开属性编辑器，在 Basic Emitter Attributes 栏内，设置属性 Rate 为 0。然后在第 10 帧的时候，在 Rate 属性上单击右键然后在弹出的快捷菜单中，选择 Set Key 命令，将其添加为关键帧，如图 4-4 所示。

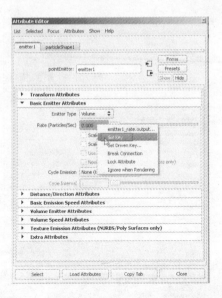

图 4-4

4)然后在第 11 帧设置关键帧为 1000,在第 15 帧设置关键帧为 0。打开 Graph Editor(动画曲线发射器),设置动画曲线的切线方式为 Step tangents,如图 4-5 所示。

5)接下来调节粒子发射器的通道属性。打开 Channel Box(通道盒),将 Scale X 和 Scale Z 设置为 5,然后设置 Scale Y 为 2。关于粒子发射的方向和速度,体积发射器有自身的一套参数,设置 Away From Center(远离中心)为 5,使粒子从中心向四面八方可以迅速散开;Away Forme Axis(远离轴)为 1,这是默认值,因为是球体发射器,这时不会对粒子发射的速度发生作用;设置 Along Axis(沿轴)为 4,使粒子的发射方向偏向上方,如图 4-6 所示。

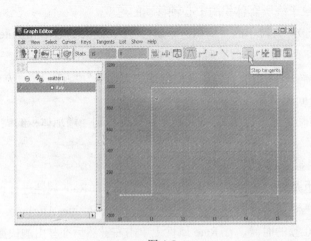

图 4-5

图 4-6

项目 4 制作粒子云爆炸尘土效果

6）重新播放动画观看效果，可以看见粒子在向四外发射的同时会有向上运动的趋势，如图 4-7 所示。

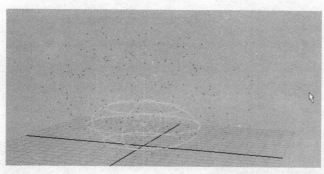

图 4-7

7）接下来需要设置粒子的渲染方式。选择粒子，打开属性编辑器，切换到粒子形状节点，即 particleShape1 标签，展开 Render Attributes（渲染属性）栏，设置 Particle Render Type（粒子渲染类型）为 Cloud（s/w）（云），如图 4-8 所示。

8）烟尘经过一段时间会消散，因此也要让粒子在生成一段时间后消失。展开粒子属性的 Lifespan Attributes（生命属性）栏，设置 Lifespan Mode（生命类型）为 Random range（随机范围），设置 Lifespan（生命长度）为 2，设置 Lifespan Random（生命随机）为 1，如图 4-9 所示。

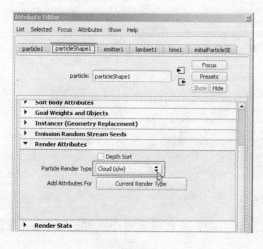

图 4-8

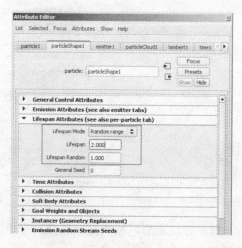

图 4-9

9）在 Add Dynamic Attributes（添加动力学属性）属性栏里单击 General 按钮，会弹出一个 Add Attributes（添加属性）对话框，切换到 Particle 标签，选择 Radius PP 属性然后单击 OK 按钮，如图 4-10 所示。

10）完成上一步操作后，在 Per Particle（Array）Attributes（每粒子属性）栏中新出现了 Radius PP，这个属性是设置每个粒子云粒子的半径的属性，在它后方的空白处单击鼠标右

55

键，在弹出的快捷窗口中选择 Create Ramp（生成渐变）命令，如图 4-11 所示。

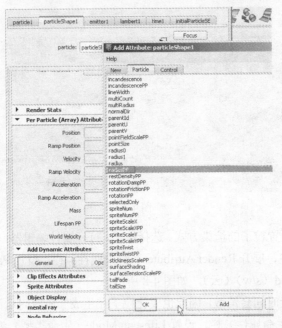

图 4-10

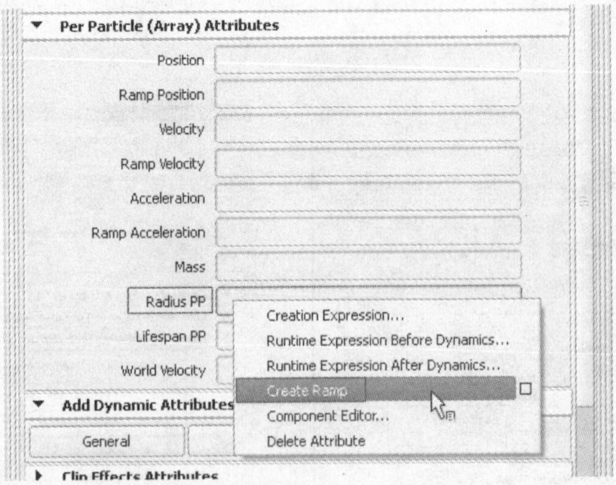

图 4-11

11）在这之后，依然在该属性后方单击鼠标右键，在快捷菜单中选择 Edit Ramp（编辑渐变）命令，如图 4-12 所示。

12）进入刚才生成的渐变节点的属性编辑面板后，对渐变的形态进行编辑。将 Interpolation（插补）属性设置为 Exponential Down（向下伸展），使上方的白色起到更大的影响作用，如图 4-13 所示。

13）播放动画，可以看到粒子从出生到死亡的过程中粒子的半径从 0~1 的变化，如图 4-14 所示。

项目 4 制作粒子云爆炸尘土效果

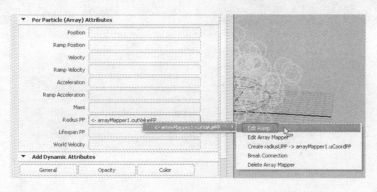

图 4-12

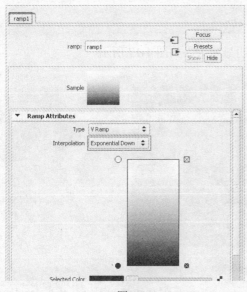

图 4-13

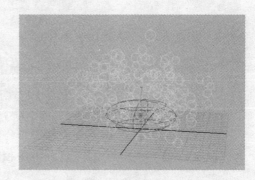

图 4-14

14)但这样的结果不是所需要的,还需要进行进一步的编辑,在 Radius PP 属性后方单击右键,在弹出的快捷菜单中选择 Edit Array Mapper 命令,如图 4-15 所示。

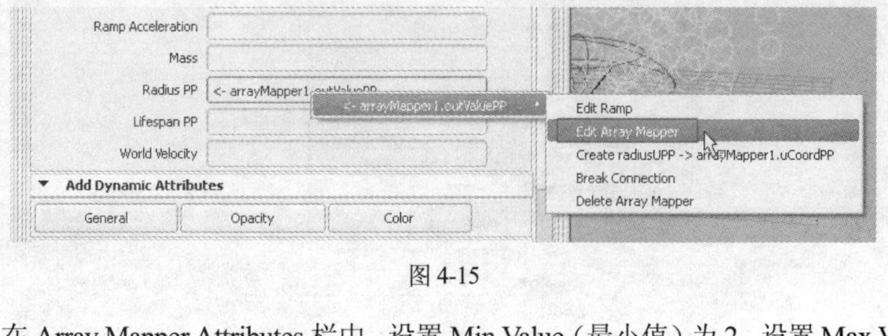

图 4-15

15)在 Array Mapper Attributes 栏中,设置 Min Value(最小值)为 2,设置 Max Value(最大值)为 4,如图 4-16 所示。最小值为渐变节点中黑色所代表的值,而最大值则是白色所代表的值。这样设置的结果是黑色代表 2,白色代表 4。

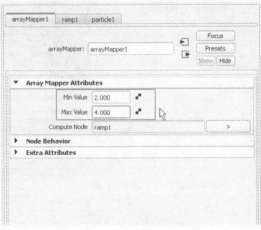

图 4-16

16）再次播放动画，可以看到粒子的半径明显增大，如图 4-17 所示。

图 4-17

17）展开粒子属性栏中的 Add Dynamic Attribute（添加动力学属性）栏，单击 Color（颜色）按钮，在出现的对话框中勾选 Add Per Particle Attribute（添加每粒子属性）复选框，然后单击 Add Attribute 按钮，如图 4-18 所示。

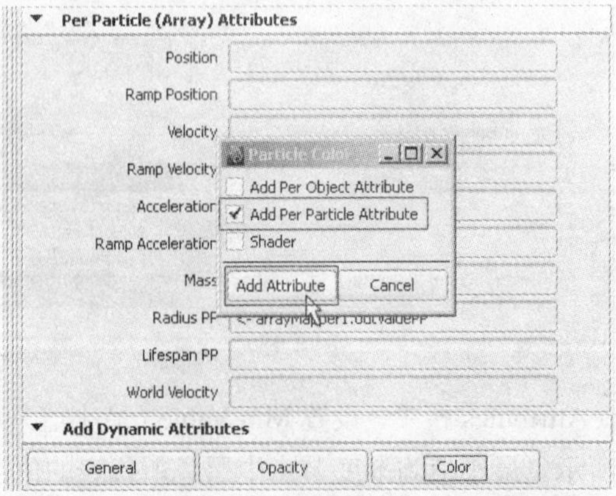

图 4-18

18）然后单击 Opacity（透明度）按钮，在出现的对话框中勾选 Add Per Particle Attribute（添加每粒子属性），然后单击 Add Attribute 按钮，如图 4-19 所示。

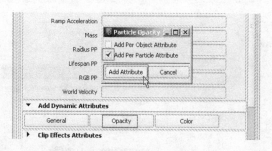

图 4-19

19）下面编辑每粒子的颜色，在 RGB PP（每粒子颜色）属性后面的空白处单击右键，在出现的快捷菜单中选择 Create Ramp（生成渐变）命令，如图 4-20 所示。

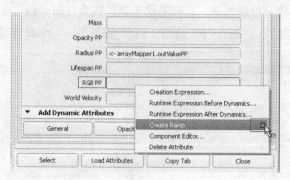

图 4-20

20）执行完上一步操作后，Maya 会打开一个 Creat Ramp Option（建立渐变节点选项）对话框，在 Input V 下拉列表中选择 rgb VPP 选项，然后单击 OK 按钮，如图 4-21 所示。

图 4-21

21）接下来重新选择粒子。在属性编辑器中会出现新的每粒子属性 rgb VPP，在该属性后面的空白处单击鼠标右键，选择快捷菜单中的 Creation Expression...（生成表达式）命令，如图 4-22 所示。

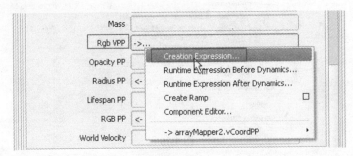

图 4-22

22）Maya 会打开一个新的 Expression Editor（表达式编辑器）窗口用于输入表达式，单击勾选 Creation（生成）单选按钮，意味着这个表达式会在每个粒子生成的时候运行一次。在这个窗口中输入表达式："Rgb VPP=rand（1）"，然后单击 Create 按钮，如图 4-23 所示。

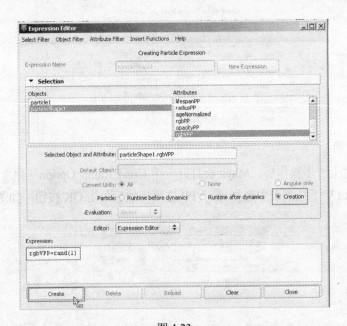

图 4-23

23）完成上一步操作后，回到粒子属性栏中 RGB PP（每粒子颜色）属性后，空白处已显示有渐变节点连接到该属性。拥有了渐变之后再对其进行编辑，在刚才位置上单击鼠标右键，选择快捷菜单中的 Edit Ramp（编辑渐变）命令，如图 4-24 所示。

24）进入渐变节点的属性编辑器。设置 Interpolation（插补）为 Smooth（平滑），并将烟雾颜色设置为多种不同颜色，使粒子从渐变中设置的颜色中随即抽取，让粒子具有变化丰富的颜色特点，如图 4-25 所示。

项目 4　制作粒子云爆炸尘土效果

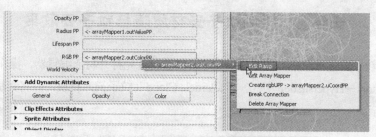

图 4-24

25) 在 Opacity PP (每粒子透明) 属性后面的空白处单击鼠标右键, 在出现的快捷菜单中选择 Create Ramp (生成渐变) 命令, 如图 4-26 所示。

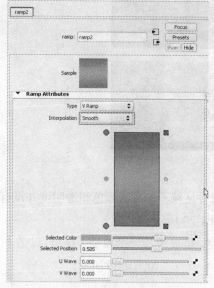 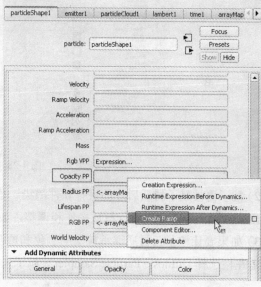

图 4-25　　　　　　　　　　　　　图 4-26

26) 播放动画, 可以看到粒子具有了颜色和透明度的变化, 不仅每个粒子都有各自不同的颜色, 而且粒子从出生到死亡透明度不断减淡, 如图 4-27 所示。

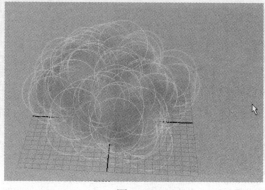

图 4-27

任务2 使用粒子云材质渲染粒子云效果

1)要对粒子云进行渲染,就要使用粒子云材质。首先打开材质编辑器,操作为 Window→Rendering Editors→Hypershade,建立一个 Particle Cloud(粒子云)材质,并将其赋予粒子物体,如图4-28所示。

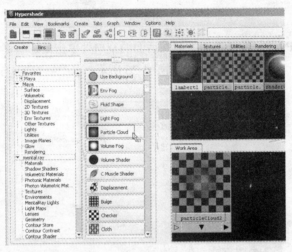

图 4-28

2)粒子再被赋予材质后才能进行软件渲染。可以看见粒子本身的颜色和透明度并没有被渲染出来,因此还需要再进行材质操作和调整,如图4-29所示。

3)如果要让粒子云材质继承粒子的颜色和透明度,需要添加一个粒子采样节点。在材质编辑器左栏选择 Utilites→Particle Sampler(粒子采样)节点,如图4-30所示。

图 4-29

图 4-30

4)接下来连接节点。首先双击粒子云材质球,即 ParticleCloud2,打开材质球的属性编辑器,然后用鼠标拖动粒子采样节点即 ParticleSamplerInfo1,将其拖动到粒子云材质的 Life Color 和 Life Transparency 上,如图 4-31 所示。

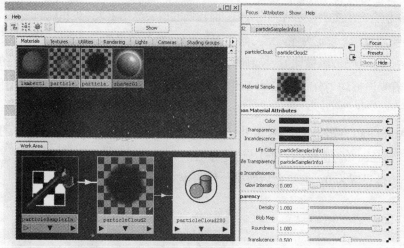

图 4-31

5)再次进行渲染时,就可以看到粒子的颜色和透明度信息已经被渲染出来了,但是整体感觉还很粗糙,需要进一步调整,如图 4-32 所示。

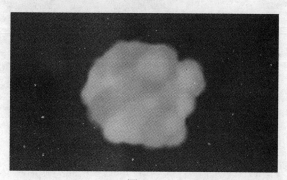

图 4-32

6)双击粒子云材质球,即 ParticleCloud2,打开材质球的属性编辑器,调节这个节点的各个属性,如图 4-33 所示。需要设置的属性及其参数,如下所示。

Density(密度):类似于透明度,它控制粒子云显示的稠密程度,以及通过其可以看到背景的程度。将其设置为 0.153,使粒子云材质整体的密度和透明度减淡。

Roundness(圆度):控制噪波的不规则性。该值越小,形状越不圆。在"5)"中,渲染的结果给人的感觉好像很多球体叠加,这可以通过调节圆滑属性来实现,调低这个参数为 0.5。

Translucence(半透明):指定仅用于计算阴影的密度的比例因子。半透明值越大,越多光线会穿透。将该属性设置为 0.5。

Noise(噪波):控制粒子云内的抖动。如果该值被设定为 0,则云看起来非常平滑,整体非常均匀。随着噪波数量的增加,云将看起来更加粗糙,如同电视屏幕上的静电一样。将该属性设置为0.5。

Noise Freq(噪波频率):确定启用Noise(噪波)时噪波瑕疵的大小。较高的Noise Frequency(噪波频率)值会产生更小、更精细的瑕疵,而较低的值会产生更大、更粗糙的瑕疵。如果Noise Frequency(噪波频率)设定为零,这与禁用Noise(噪波)效果相同。将该属性设置为0.1。

Noise Aspect(噪波纵横比):控制噪波分布(当启用Noise(噪波)后)。它的默认值为零,这意味着噪波被均匀分布在X和Y中。正值使噪波与粒子路径垂直。负值会使噪波更加与路径平行。

Noise Anim Rate(噪波动画速率):指定用于控制动画期间内置噪波更改速率的比例因子。

Solid Core Size(匀值核心大小):确定核心的大小,即粒子为不透明的区域。

后三个属性设置为0,渲染之后效果,如图4-33所示。

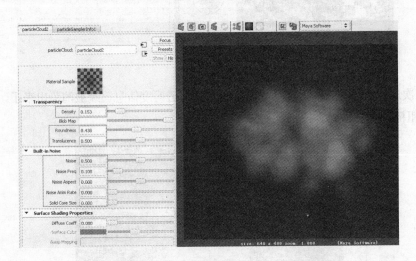

图4-33

7)完成Maya动力学制作后,可以再次进行批渲染,然后在后期软件中进行编辑并与材质灯光背景合成,完成最终的画面,如图4-34所示。

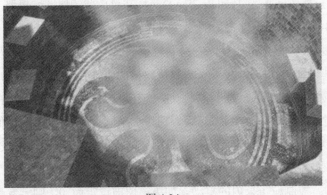

图4-34

项目 4 制作粒子云爆炸尘土效果

 项目小结 «

　　这个项目需要了解三个粒子属性,即每粒子半径、每粒子颜色和每粒子透明度。其中后两个粒子属性需要通过粒子采样节点来连接材质球的属性,同时粒子云材质球的属性还需要进行反复的调整和尝试,以达到预期的粒子渲染效果。粒子的渲染属性中,要使用粒子云模式,粒子云的设置方法和每粒子半径属性的应用方法是本项目的重点。软件渲染粒子云材质时,需要使用粒子采样节点。

 实践演练 «

　　使用本项目的方法,制作烟囱冒烟效果。
　　要求:
　　1)使用粒子云材质渲染输出粒子。
　　2)要应用粒子的每粒子半径、每粒子颜色和每粒子透明属性。
　　3)效果逼真,细节丰富,图像清晰。

项目 5 制作万蝶齐飞效果

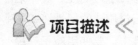

"蝶舞"效果是《侠岚》动画情节中的一个很有观赏性的特效效果。它使用粒子来替代大量的群组动画，有效地减少制作难度，是动力学制作中常用的制作方法。万蝶齐飞的最终效果图，如图 5-1 所示。

图 5-1

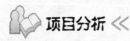

本项目首先要制作相应模型用于替代，并且这些模型要尽量简单以节省资源。然后建立粒子发射器，使用发射器参数和场，调节确认粒子运动的形态。最后为粒子添加替代效果，并设置粒子的替代属性。因此，本项目的制作分为以下 2 个任务来完成。

任　务	流　程　简　介
任务 1	制作蝴蝶扇动翅膀的模型序列
任务 2	通过粒子发射器实现万蝶飞舞效果

项目教学及实施建议 18 学时。

1. 使用动画快照建立一系列替代模型

功能说明：使用菜单命令将带动画的模型转换为模型序列。

操作方法：选择动画物体，选择菜单命令。

常用参数解析：选择菜单 Animate→Create Animation Snapshot（创建动画快照）命令，设置参数 Time Range（时间范围），单击 Snapshot 按钮。

项目 5　制作万蝶齐飞效果

2. 粒子实例化器（替换）

功能说明：使用粒子实例化器（替换）生成粒子替代效果。

操作方法：选择替代物体，打开并使用粒子实例化器（替换）生成选项窗口，建立替代物体。

常用参数解析：首先选择所有参加替代的模型序列，然后单击菜单命令 Particles→Instancer（实例化器）命令，打开 Instancer Attributes（实例化器属性）区域。

Particle Instancer name（粒子实例化器名称）：实例化器节点的可选名称。如果保留该条目为空，将创建默认名称。

Rotation units（旋转单位）：如果为粒子设定 Rotation（旋转）设置，则该选项会指定是将该值解释为度还是弧度。

Rotation order（旋转顺序）：如果为粒子设定 Rotation（旋转）设置，则该选项会设定旋转的优先级顺序，例如，XYZ、XZY 或 ZXY。

Level of Detail（细节级别）：设定在粒子位置是否会显示源几何体，或者是否会改为显示边界框。边界框会加快场景播放速度。可设置几何体（Geometry）、边界框（Bounding Box）、边界框（Bounding Boxes）等几个属性。

Cycle Step Units（循环步长单位）：如果使用的是对象序列，则选择是将帧数还是秒数用于"循环步长"（Cycle Step Size）值。

Cycle Step Size（循环步长）：如果使用的是对象序列，则输入粒子年龄间隔，序列中的下一个对象按该间隔出现。例如，Cycle Step Size（循环步长）为 2s 时，会在粒子年龄超过 2、4、6 等的帧处显示序列中的下一个对象。有关如何改变粒子年龄的详细信息，请参见 particleShape 节点中的 Age（年龄）属性。

3. 设置粒子的替代属性

功能说明：设置粒子替代物体的大小、方向等属性。

操作方法：选择粒子物体，进入属性编辑器，编辑属性参数。

常用参数解析：选择粒子物体，按<Ctrl+A>组合键打开属性编辑器切换到 particleShape1 粒子形状节点标签，展开 Instancer（替代）属性栏。其中包括 General Options（一般选项）、Rotation Options（旋转选项）和 Cycle Options（循环选项）。

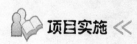 项目实施

任务 1　制作蝴蝶扇动翅膀的模型序列

1）首先打开工程项目 Hudie_Project 中的 Hudie_moxing.mb 文件。Hudie_moxing.mb 文件是一个已经制作完成的蝴蝶模型，但这个模型没有制作立体的身体，只有一个"薄片"。这是因为在粒子替代时，会有大量的替代模型出现，所以应尽量简化模型，节省系统资源，如

图5-2所示。

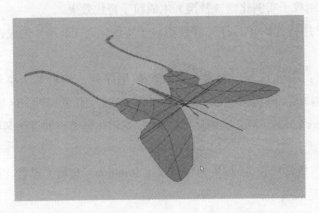

图5-2

2）制作蝴蝶模型序列前，要制作一个完整的蝴蝶扇动翅膀的动画循环，也就是让蝴蝶动起来。选择蝴蝶模型，选择菜单命令Create Deformers→Nonlinear→Bend（弯曲）命令，在通道盒中打开bend 1 Handle，如图5-3所示。

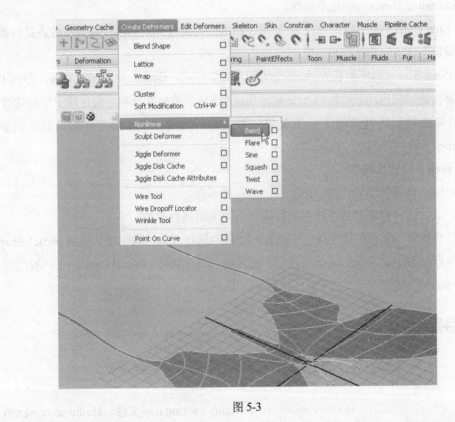

图5-3

3）打开bend 1 Handle后将其以Z轴旋转90°并放大2倍。在通道编辑器中展开bend 1 Handle节点，将Curature属性设置为1，并设置关键帧，如图5-4所示。

项目 5　制作万蝶齐飞效果

图 5-4

4）继续设置这个属性的关键帧。将第 10 帧设置为-1，第 20 帧设置为 1，在动画曲线编辑器中观察动画曲线，如图 5-5 所示。

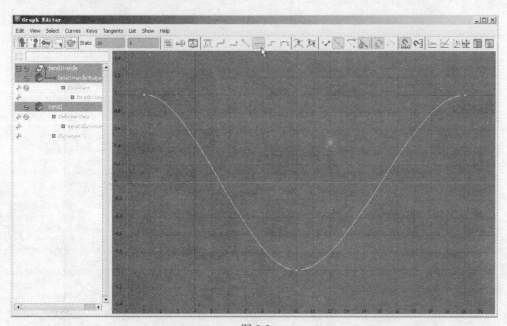

图 5-5

5）选择蝴蝶模型，选择菜单 Animate→Create Animation Snapshot（创建动画快照）→□（选项窗口）命令，打开选项窗口，如图 5-6 所示。

6）在 Animation Snapshot Options 设置窗口中，单击选中 Time range（时间范围）后的 Start/End 单选按钮，手动设置记录动画快照的范围，并将开始帧数设为 1，结束帧数设为 20，然后单击 Snapshot 按钮进行快照，如图 5-7 所示。

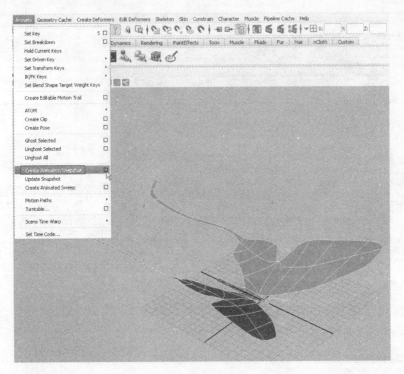

图 5-6

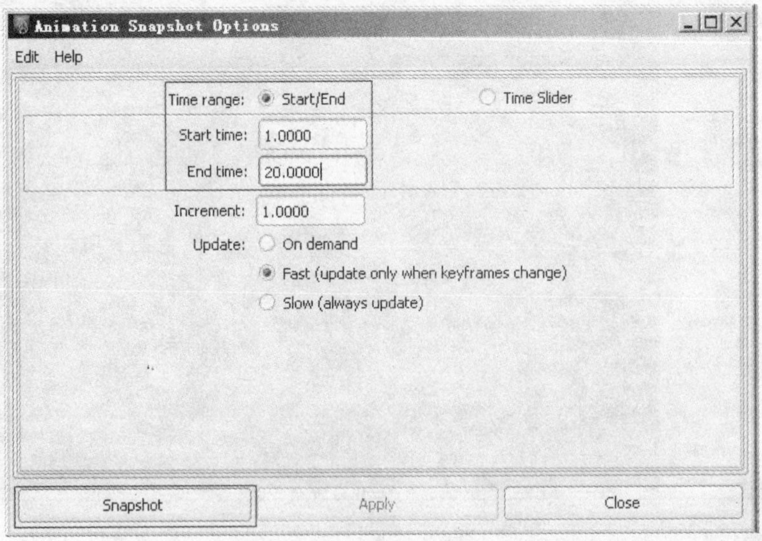

图 5-7

7）执行过快照命令后，打开大纲视图，会有一个新组 snapshot1Group 出现，它的层级下方就是快照后的模型序列，如图 5-8 所示。

8）为了方便场景的管理，将 snapshot1Group 解组，将原先 snapshot1Group 层级下的所有多边形物体成组，命名为 xulie，如图 5-9 所示。

项目 5 制作万蝶齐飞效果

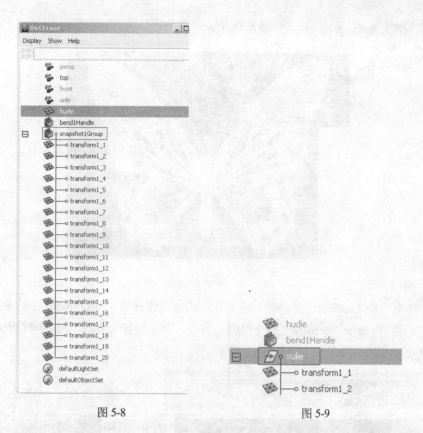

图 5-8   图 5-9

9）选择所有序列物体，将其蝴蝶身体部分放置到世界中心，头部对准世界坐标系 X 轴正方向并缩小到 0.1 倍，然后单击菜单命令 Modify→Freeze Transformations（冻结变换）命令，将模型的位置、旋转、缩放等属性都冻结后，就方便以后做粒子替代了。因为粒子替代物体的默认轴向就是 X 轴的正方向，如图 5-10 所示。

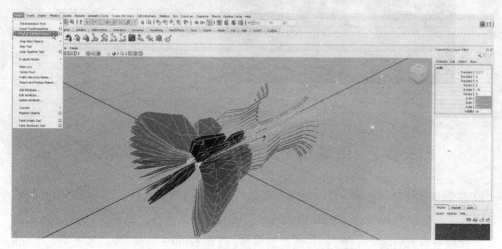

图 5-10

10）对图进行渲染。将贴图纹理已经制作好的蝴蝶素材，放在工程项目中 sourceimages

71

文件夹里，名为 hudie_map.jpg，如图 5-11 所示。

图 5-11

11）建立一个 Lambert（兰伯特）材质球，将这张纹理导入到材质球的 Incandescence 通道中，然后调节 Glow Intensity（辉光强度）属性，将其设置为 0.2，将这个材质球赋予模型序列。单个模型的渲染效果，如图 5-12 所示。

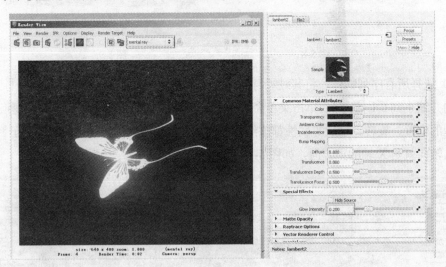

图 5-12

任务2　通过粒子发射器实现万蝶飞舞效果

1）在制作粒子替代之前，首先要制作满意的粒子动态效果，需要运用前面学到的粒子功能。选择菜单命令 Particles→Create Emitter（生成发射器）命令，如图 5-13 所示。

2）建立发射器后放大 4 倍。打开通道编辑器，设置 Emitter Type（发射器类型）为 Volume，设置 Rate（发射率）为 50，将 Speed Random（速度随机）设置为 1，Directional Speed（方向速度）设置为 10，如图 5-14 所示。

项目 5　制作万蝶齐飞效果

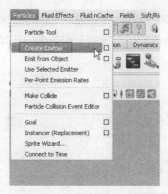

图 5-13

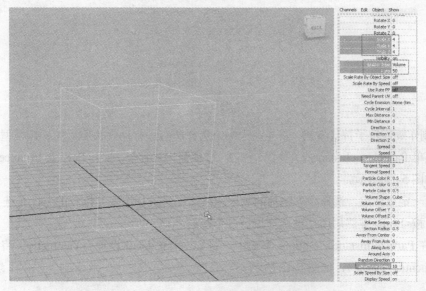

图 5-14

3）选择粒子，选择菜单命令 Fields→Turbulence（湍流）命令建立扰乱场，如图 5-15 所示。

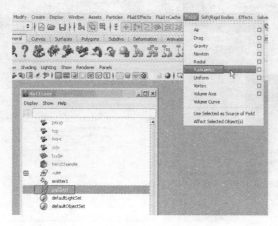

图 5-15

4)打开扰乱场的通道编辑器,调节属性参数。将 Magnitude(强度)设置为 10;Attenuation(衰减)设置为 0;将 Noise Level(噪波级别)设置为 2,如图 5-16 所示。

图 5-16

5)制作蝴蝶粒子替代效果。首先在大纲中选择所有进行动画快照后的蝴蝶模型序列,然后单击菜单 Particles→Instancer(替代)→□(选项窗口)命令,打开 Particle Instancer Options 窗口,如图 5-17 所示。

这里一定要注意,选择序列物体的顺序应按照编号进行选择。推荐的方法是选择第一个物体后,按<Shift>键然后用左键选择最后一个序列号码。

6)在 Particle Instancer Options 窗口中,将 Level of detail 设置为 Geometry,将 Cycle 设置为 Sequential(顺序),如图 5-18 所示。

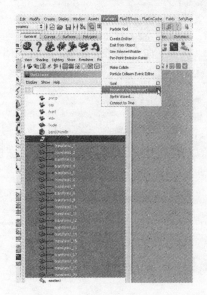

图 5-17

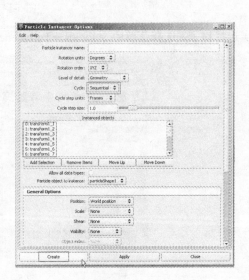

图 5-18

项目5 制作万蝶齐飞效果

7）播放动画，可以看见粒子替代效果生成了，蝴蝶模型替代了粒子，如图 5-19 所示。

图 5-19

8）打开大纲视图，可以看见场景中新出现了粒子替代物体，名为 instancer1。选择粒子物体 particle1，按<Ctrl+A>组合键打开属性编辑器切换到 particleShape1（粒子形状节点）标签，展开 Rotation Options 栏，设置 Aim Direction（瞄准方向）为 Velocity（速度）也就是以速度为瞄准方向，设置 Cycle Start Object（循环开始物体）为 ParticleID（粒子 id），这样可以增加粒子替代随机性，如图 5-20 所示。

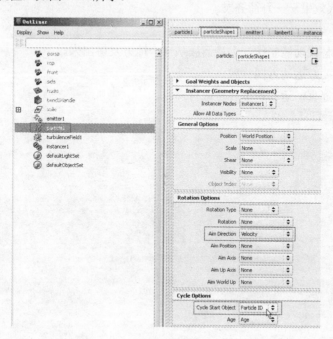

图 5-20

9）重新播放动画，可以看到蝴蝶模型的方向是随着粒子的运动方向而改变的，替代的随机性也增加了，如图 5-21 所示。

10）进行批渲染后，就可以将渲染结果作为平面素材用于后期合成了，如图 5-22 所示。

75

图 5-21

图 5-22

项目小结

粒子替代效果是 Maya 动力学部分的一个重要功能。在本项目中，首先要有模型用于替代，这些模型要尽量简单以节省资源，可以使用动画快照功能来设立模型序列。然后确认粒子运动的形态，并为粒子添加替代效果，最后要使用粒子的替代属性完善最终结果。制作当中步骤比较琐碎，所以要经常练习以保证熟练使用。

实践演练

制作粒子替代效果——万箭齐发。

要求：

1）使用粒子替代功能制作，大量箭簇从一个地方发射出来。
2）箭的指向要跟运动方向一致。
3）粒子动态逼真，运动速度和轨迹合理。

项目 6 制作撞钟效果

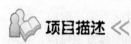

"撞钟"效果是使用 Maya 的刚体解算功能模拟坚硬物体之间碰撞的动力学效果。本项目可以帮助学生了解刚体使用的一般操作流程以及如何将其灵活地与较为复杂的场景相结合的一些方法。"撞钟"效果,如图 6-1 所示。

图 6-1

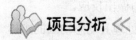

在本项目的效果中,巨大的钟体吊放在屋顶,用来撞钟的圆木用两根绳子吊起,两者都处于悬空状态,原木通过纵向摆动来碰撞大钟。项目中需要制作刚体物体,并且设置刚体约束,还要设置刚体和约束的属性。因此,本项目的制作分为以下 2 个任务来完成。

任 务	流 程 简 介
任务 1	制作大钟模型的简模
任务 2	实现撞钟效果

项目教学及实施建议 12 学时。

1. 刚体

功能说明:刚体是转换为不能弯曲的形状的多边形或 NURBS surface(NURBS 曲面)。

不同于常规曲面,刚体在动画期间发生碰撞,而不是互相通过。要为刚体运动制作动画,请对粒子使用场、关键帧、表达式、刚体约束或碰撞。

操作方法:选择物体,选择菜单命令,然后在通道编辑器中设置参数。

常用参数解析:Maya 有两种刚体,即主动和被动。主动刚体会对动力学(例如,场、碰撞和弹簧)做出反应,而不会对关键帧做出反应。被动刚体可与主动刚体发生碰撞。虽然可以对其"平移"和"旋转"属性设置关键帧,但是动力学不会对其有任何影响。

2. 创建刚体

功能说明:可以从一个对象或对象层次创建被动刚体或主动刚体。若要使多个对象做为一个刚体反应,必须从对象层次创建刚体。默认情况下,在将对象连接到某个场时,Maya 会自动使该对象成为主动刚体。

操作方法:选择物体,选择菜单命令,然后在通道编辑器中设置参数。

常用参数解析:

选择对象,执行下列操作之一。

1)创建主动刚体。选择柔体/刚体(Soft/Rigid Bodies)→创建主动刚体(Greate Active Rigid Body)。

2)创建被动刚体。选择柔体/刚体(Soft/Rigid Bodies)→创建被动刚体(Create Passive Rigid Body)。

设定创建主动刚体时,包括如下几个选项。

Rigid Body Name(刚体名称):允许命名刚体,以便易于标识。

Active(主动):使刚体成为主动刚体。如果禁用,则刚体为被动刚体。

Particle Collision(粒子碰撞):如果已使粒子与曲面发生碰撞,且曲面为主动刚体,则可以启用或禁用 Particle Collision(粒子碰撞),以设定刚体是否对碰撞力做出反应。

Allow Disconnection(允许断开):默认情况下,不能断开刚体与处理其动态动画的刚体解算器的连接。可以启用 Allow Disconnection(允许断开)来断开连接。

Mass(质量):设定主动刚体的质量。质量越大,对碰撞对象的影响也就越大。Maya 将忽略被动刚体的质量属性。

Center of Mass X\Y\Z(质心 X\Y\Z):指定主动刚体的质心在局部空间坐标中的位置。X 图形图标表示质心。在线框模式中最容易看到它。

Static Friction(静摩擦力):设定刚体组织从另一刚体的静止接触中移动的阻力大小。例如,如果将球放置在倾斜平面上,则 Static Friction(静摩擦力)将设定该球初始滑动并从平面向下滚动的容易程度。对象开始移动之后,静摩擦力对它影响很小或者没有影响。

Dynamic Friction(动摩擦力):设定移动刚体阻止从另一刚体曲面中移动的阻力大小。

Bounciness(反弹度):设定刚体的弹性。

Damping(阻尼):设定与刚体移动方向相反的力。该属性类似于阻力;它会在与其他对象接触之前、接触之中以及接触之后影响对象的移动。正值会减弱移动。负值会加强移动。

Impulse X\Y\Z（冲量位置 X\Y\Z）：使用幅值和方向，在 Impulse Position X（冲量位置 X）、Impulse Position Y（冲量位置 Y）、Impulse Position Z（冲量位置 Z）中指定的局部空间位置的刚体上创建瞬时力。该数越大，力的幅值就越大。

Impulse Position X\Y\Z（冲量位置 X\Y\Z）：在冲量冲击的刚体局部空间中指定位置。如果冲量冲击质心以外的点，则刚体除了随其速度更改而移动以外，还会围绕质心旋转。

Spin Impulse X（自旋冲量 X\Y\Z）：朝 X、Y 和 Z 值指定的方向，将瞬时旋转力（扭矩）应用于刚体的质心。这些值将设定幅值和方向。该数越大，旋转力的幅值就越大。

3. 主动刚体和被动刚体的区别

功能说明：明白两种刚体的区别，知道如何在两种刚体间相互切换。

操作方法：选择刚体物体，进入通道编辑器，编辑属性参数。

常用参数解析：Active（激活）这个属性可以切换主动刚体或被动刚体。

主动刚体的运动是受到动力学解算控制的，被动刚体的运动是受到动画关键帧控制的，如果没有动画，则被动刚体不发生运动。

4. 刚体约束以及动画约束的使用

功能说明：使用约束物体，约束刚体运动。

操作方法：选择刚体物体，选择菜单命令。

常用参数解析：选择菜单命令 Soft/Rigid Bodies（柔体/刚体）→Create Constraint（创建约束）。设置创建约束时的选项如下。

Constraint Name（约束名称）：约束的名称。

Constraint Type（约束类型）：选择以下选项之一，即 Nail（钉子）、Pin（固定）、Spring（弹簧）、Hinge（铰链）、Barrier（屏障）。

Interpenetrate（穿透）：如果希望刚体彼此穿透而不是在接触时碰撞，启用"穿透"。

Set Initial Position（设置初始位置）：如果要指定约束的初始位置，启用设置初始 Set Initial Position（设置初始位置）并输入该位置对应的 X、Y 和 Z 值。如果不启用 Set Initial Position（设置初始位置），将在两个刚体之间（从一个刚体的质心延伸到另一个刚体的质心）的中点处，或在刚体的质心处创建约束，具体取决于约束类型。

在弹簧属性（Spring Attributes）栏中的选项如下。

Stiffness（刚度）：设置弹簧约束的刚性。该值越大，弹簧对同一置换的物体上施加的力越大。

Damping（阻尼）：禁用弹簧动作。值越大，刚体静止的速度越快。值越小，刚体静止的速度越慢。负值将增加弹簧对刚体施加的力。阻尼值为零或负数的弹簧永远不会静止。

Set Spring Rest Length（设置弹簧静止长度）：允许设置 Rest Length（静止长度）。

Rest Length（静止长度）：设置播放场景时弹簧尝试达到的长度。如果不启用 Set Spring Rest Length（设置弹簧静止长度），Rest Length（静止长度）将设置为与约束相同的长度。

5. 烘焙关键帧的方法

功能说明：生成动画。

操作方法：选择物体，选择菜单命令，设置命令选项，生成烘焙关键帧。

常用参数解析：选择菜单 Edit→Keys（关键帧）→Bake Simulation（烘焙模拟）→□（选项窗口）命令。烘焙选项窗口的常用选项如下。

Hierarchy（层次）：指定将如何从分组的或设置为子对象的对象层次中烘焙关键帧集。

Selected（选定）：指定要烘焙的关键帧集将仅包含当前选定对象的动画曲线。默认为启用。

Below（下方）：指定要烘焙的关键帧集将包括选定对象以及层次中其下方的所有对象的动画曲线。默认为禁用。

Channels（通道）：指定通道（可设置关键帧的属性），其动画曲线将包含在关键帧集中。

All Keyable（所有可设置关键帧）：指定关键帧集将包括选定对象的所有可设置关键帧属性的动画曲线。默认为启用。

From Channel Box（来自通道盒）：指定关键帧集将仅包括当前在 Channel Box（通道盒）中选定的那些通道的动画曲线。默认设置为禁用。

Driven Channels（受驱动通道）：指定关键帧集将包括任何受驱动关键帧。受驱动关键帧使可设置关键帧属性（通道）的值能够由其他属性的值所驱动。

Control Points（控制点）：指定关键帧集是否将包括选定可变形对象的控制点的所有动画曲线。控制点包括 NURBS 控制顶点（CV）、多边形顶点和晶格点。默认为禁用。

Shapes（形状）：指定关键帧集是否将包括选定对象的形状节点以及其变换节点的动画曲线。默认为启用。

Time Range（时间范围）：指定关键帧集的动画曲线的时间范围。

Bake To（烘焙到）：指定希望如何烘焙来自层的动画。

BaseAnimation：将烘焙动画处理为场景中的"BaseAnimation"。

NewLayer：默认情况下将烘焙动画处理成名为"BakedResultsn"的新层。

Delete Baked Channels（删除烘焙通道）：如果启用该选项，那么在烘焙选定对象后，会从选定对象的关联动画层移除选定对象的属性。如果禁用该选项，对象的属性会保持在动画层上。

Sample By（采样频率）：指定频率，Maya 将使用该频率对动画求值并生成关键帧。增加该值时，Maya 为动画设置关键帧的频率将会减少。减少该值时，效果相反。

Smart Bake（智能烘焙）：如果启用该选项，Maya 会通过仅在烘焙动画曲线具有关键帧的时间处放置关键帧，以限制在烘焙过程期间生成的关键帧的数量。

项目6 制作撞钟效果

项目实施

任务1 制作大钟模型的简模

1）首先导入 Maya 场景 zhong_modle.mb。该场景里有建立完成的一组模型，如图 6-2 所示。这组模型比较简单，制作过程在这里不再赘述。在动力学制作过程中，尤其是 Maya 刚体模拟中，通常使用简模来代替原模型进行交互解算，因为简模可以通过简化运算量来避免运算出错。

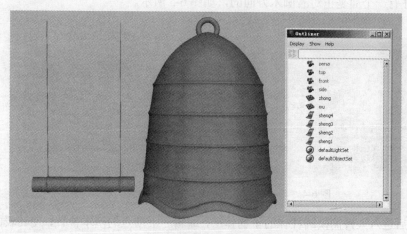

图 6-2

2）首先使用菜单命令 Create（创建）→Polygon Primitives（多边形基本体）→Cube（立方体）命令建立一个多边形立方体，并进行移动和缩放，使其匹配原木模型的一端，位置数值为（0，1.25，8.88），缩放数值为（1.5，1.5，2.8），如图 6-3 所示。

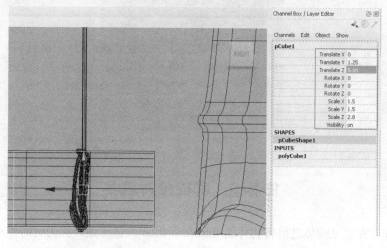

图 6-3

3)再建立一个立方体并匹配到原木模型另一端,位置数值为(0,1.25,16.23),缩放数值为(1.5,1.5,2.8),如图6-4所示。注意:一定要保证立方体的中心点和绳子模型的位置相匹配,这关系到后面添加刚体约束的步骤是否顺利。

4)接下来是制作大钟的简模。大钟的简模只需要负责和其他刚体发生碰撞,对外形要求不高,可通过菜单命令Create(创建)→Polygon Primitives(多边形基本体)→Cylinder(圆柱体)命令建立一个多边形圆柱体。再调节通道编辑器中的通道,将位置高度设置为6,缩放设置为6.66,展开polyCylinder1下的Subdivisions Axis属性,将圆柱体的轴向细分设置为14,以保证有一个面是正对着圆木方向的,如图6-5所示。

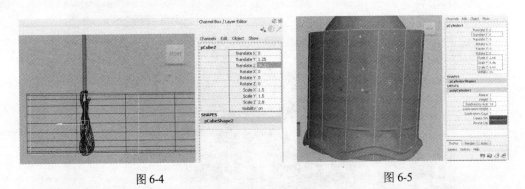

图6-4　　　　　　　　　　　　　图6-5

5)然后进入大钟简模圆柱体的子物体层,编辑一下顶点的基本位置,使其表面形状更贴近大钟模型,如图6-6所示。

图6-6

任务2　实现撞钟效果

1)首先,在建立刚体之前将物体的transformation数值冻结,因为有时候不经过冻结的物体被设置为刚体后会发生位置偏移现象。因此选择刚刚建立的三个简模物体,选择菜单命令Modify→Freeze Transformations(冻结变换)命令,如图6-7所示。

项目 6　制作撞钟效果

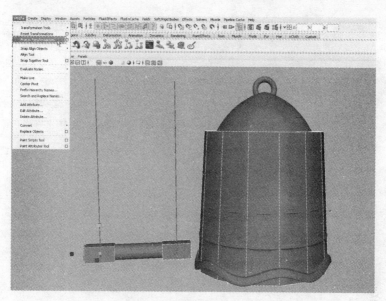

图 6-7

2）完成冻结后就可以制作刚体物体了。选择菜单命令 Soft/Rigid Bodies→Create Active Rigid Body（柔体/刚体→建立主动刚体）命令，如图 6-8 所示。

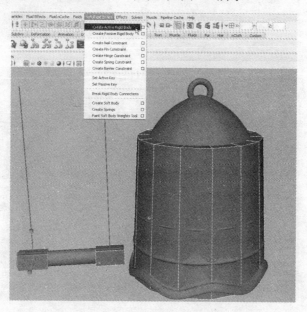

图 6-8

注意：主动刚体的运动是由 Maya 刚体动力学解算来控制的，它的位置和旋转不能设置关键帧；而被动刚体的位置和旋转整个运动都是静止的或者可以被动画关键帧所控制，它可以影响到主动刚体的动态，比如球落到地面，球可以使用主动刚体，而地面则必须设置为被动刚体。

3）打开通道编辑器，可以发现这些模型已经具有了刚体特性：它们的 Translate 和 Rotate 属性都变为黄色。展开下方的 rigidBody 节点属性，可以看到各种刚体属性，如图 6-9 所示。

83

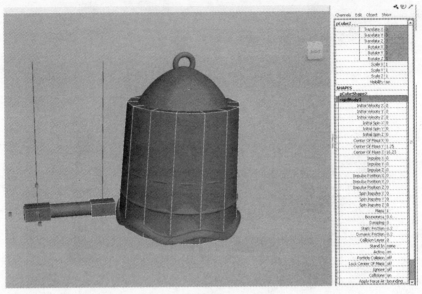

图 6-9

4）要把刚体固定在"天花板"上，需要添加约束。首先，选择钟体筒模相对应的圆柱体筒模，选择菜单命令 Soft/Rigid Bodies→Create Nail Constraint（建立钉子约束）命令，如图 6-10 所示。

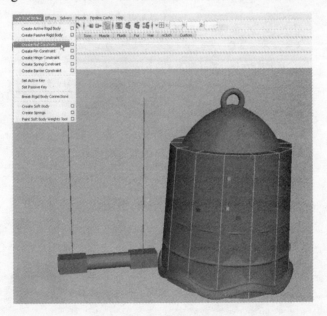

图 6-10

5）执行菜单命令后会出现约束的手柄，使用移动工具将其移动到大钟的吊环中心，如图 6-11 所示，该约束手柄就是钉子约束的固定端点。注意，刚体约束只能以质量中心为连接起点。

6）使用同样的方法，分别为两个立方体建立钉子约束，并将其移动到绳子模型的顶端，打开大纲视图，可以看见约束物体以"叹号"图标显示，如图 6-12 所示。

项目 6　制作撞钟效果

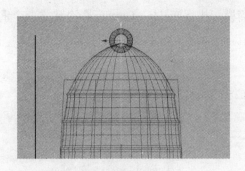

图 6-11

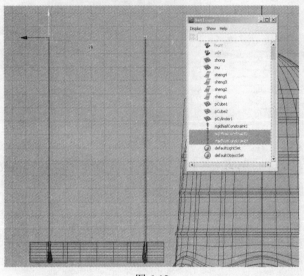

图 6-12

7）为了观察清楚，选中大钟、圆木、绳子这 3 个模型并放到一个新建层中，然后关闭这个层的可见性，如图 6-13 所示。

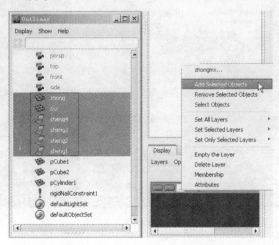

图 6-13

85

8）再选择三个物体简模，执行 Fields→Gravity 命令建立一个重力场，如图 6-14 所示。

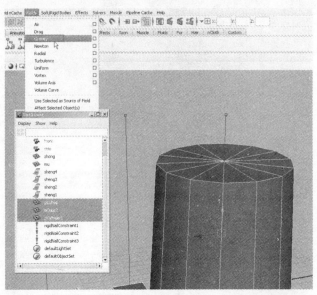

图 6-14

9）接下来，选择圆木两端的两个立方体模型，选择菜单命令 Soft/Rigid Bodies→Create Spring Constraint（建立弹簧约束）命令，如图 6-15 所示。

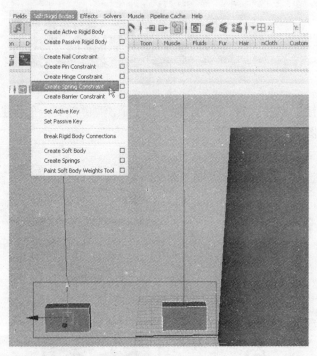

图 6-15

10）然后打开属性编辑器，展开 Spring Attributes（弹簧属性）栏，可以看见 3 个属性，

项目 6 制作撞钟效果

即 Spring Stiffness（弹簧强度）、Spring Damping（弹簧阻尼）、Spring Rest Length（弹簧静态长度），如图 6-16 所示。

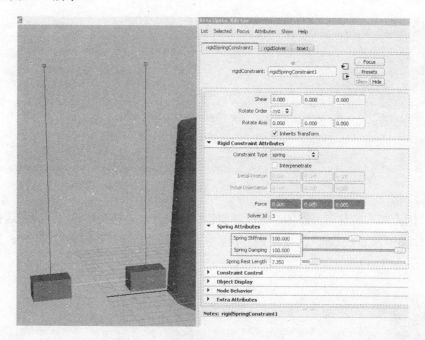

图 6-16

将 Spring Stiffness 和 Spring Damping 这两个属性设置为 100，即模拟一根难以伸缩的物体连接着两个刚体。之所以这么做，是因为整个圆木是用两根绳子固定的，而如果使用一个简模代替圆木模型则只能以一个质量中心作为固定点，无法建立两个固定点。

11）首先选择圆柱体刚体，打开通道编辑器，设置刚体属性。考虑到大钟是一个很沉重的物体，所以设置 Mass（质量）为 10。其次希望提高碰撞效果，设置 Bounciness（反弹力）为 1，如图 6-17 所示。

图 6-17

12）然后设置两个立方体刚体物体的属性。调节两个立方体刚体物体的 Mass（质量）为 2，Bounciness（反弹力）为 1，如图 6-18 所示。

图 6-18

13）因为圆木需要撞击钟体，所以需要让圆木具有一定的初始速度。因此选择靠近大钟的立方体刚体 pCubeShape1，设置 Z 方向的初始速度即 Initial Velociy Z 为 10，如图 6-19 所示。

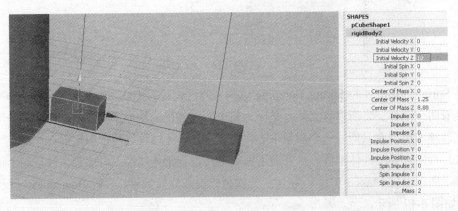

图 6-19

14）播放动画，可以看见刚体简模之间产生了交互作用，如图 6-20 所示。

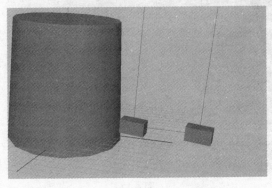

图 6-20

项目 6 制作撞钟效果

15）接下来使精模随简模一起运动，可使用动画模块的约束菜单来实现这一效果。切换到动画模块，选择简模 pCylinder1 然后选择精模 zhong，选择菜单 Constrain（约束）→Parent（父子）→口（选项窗口）命令，打开 Parent Constraint Options 窗口，如图 6-21 所示。

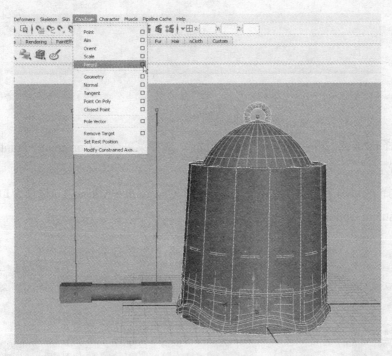

图 6-21

16）在选项窗口中确认 Maintain offset（保持偏移）选项已被勾选，然后单击 Add 按钮，如图 6-22 所示。

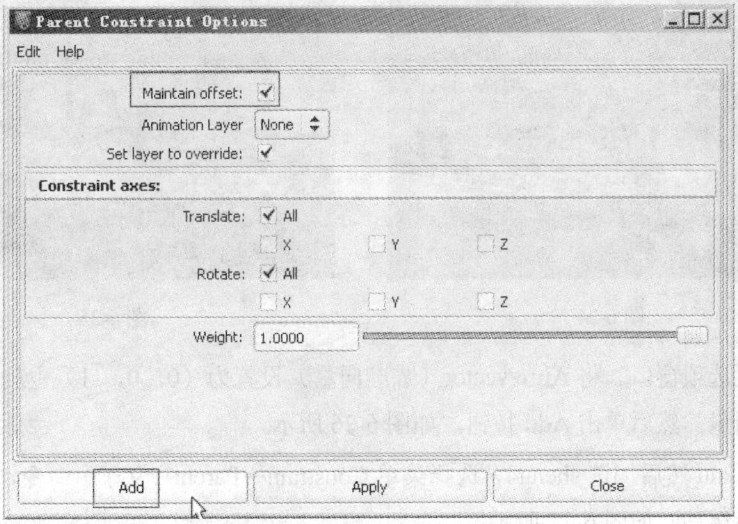

图 6-22

17) 接下来设置圆木。这个物体的设置比较复杂。首先切换到侧视图，按<Insert>键，将圆木的中心点移动到左侧绳子的位置，如图 6-23 所示。

图 6-23

18) 选择 pCube2，然后加选圆木模型"mu"，选择菜单命令 Constrain→Point（点）命令，如图 6-24 所示。

19) 选择 pCube1，然后加选 mu，选择菜单 Constrain→Aim→□（选项窗口）命令，打开 Aim Constraint Option 窗口，如图 6-25 所示。

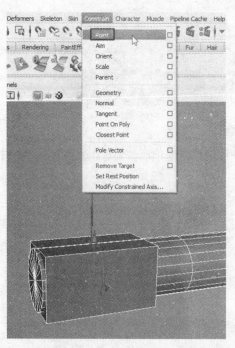

图 6-24

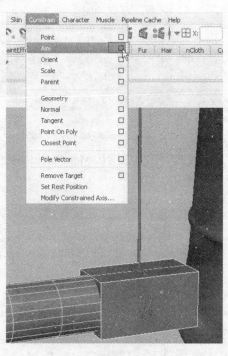

图 6-25

20) 设置选项窗口。将 Aim vector（瞄准向量）设置为（0，0，-1）也就是以 Z 轴的负方向为瞄准向量，然后单击 Add 按钮，如图 6-26 所示。

21) 选择 mu 然后加选 sheng4，选择菜单 Constrain→Parent（父子）命令，使绳结模型与圆木模型同步运动，如图 6-27 所示。

22) 对 sheng3 也进行同样的操作。选择模型 mu 然后加选 sheng3，选择菜单 Constrain→

Parent 命令，使绳结模型与圆木模型同步运动，如图 6-28 所示。

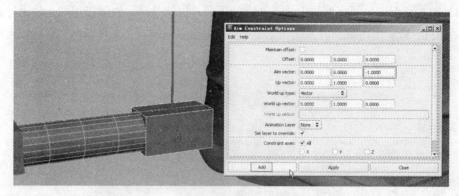

图 6-26

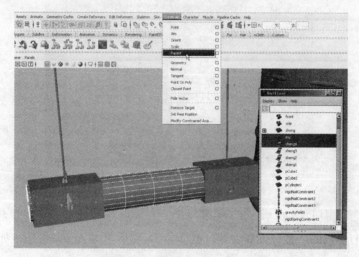

图 6-27

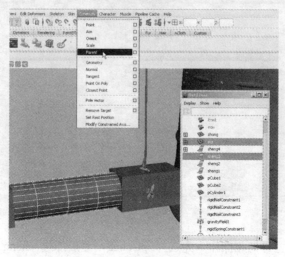

图 6-28

23）接下来使吊绳模型能够随原木运动，同样也使用瞄准约束来实现。

24）首先要保证吊绳模型的中心点在它的顶端，也就是使它能够以顶端为轴进行旋转。选择 pCube1，然后加选 sheng1，选择菜单 Constrain→Aim→□（选项窗口）命令，如图 6-29 所示。

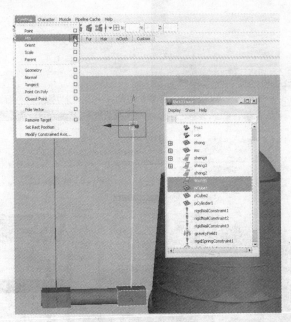

图 6-29

25）设置选项窗口，Aim vector（瞄准向量）为（0，-1，0），使其以 Y 轴的负方向为瞄准向量；设置 Up vector（向上向量）为（1，0，0）然后单击 Apply 按钮，如图 6-30 所示。

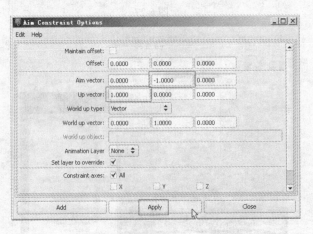

图 6-30

26）另一端的模型也如此操作。先选择 pCube2，然后加选 sheng2，单击选项窗口中的 Add 按钮，如图 6-31 所示。

项目 6　制作撞钟效果

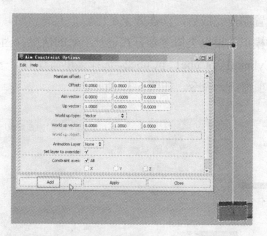

图 6-31

27) 接下来选择除了原模型以外所有的动力学相关物体，并放到一个新建层中，然后关闭这个层的可见性，如图 6-32 所示。

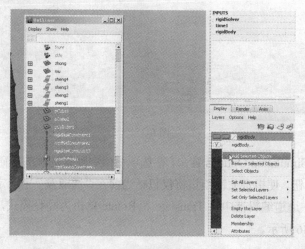

图 6-32

28) 进行动力学模拟播放动画，看到圆木首先向后倒退然后撞击大钟模型，然后大钟模型也发生摇动，如图 6-33 和图 6-34 所示。

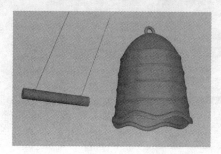 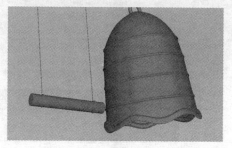

图 6-33　　　　　　　　　　　　　图 6-34

29)动力学部分设置制作完成后,动态效果是比较令人满意的。然而在日常制作当中,经常出现需要将动力学模拟效果以类似缓存方式记录下来的情况。因此,在大纲视图中选择所有刚体物体,包括 pCylinde1、pCube1、pCube2,选择菜单命令 Edit→Keys→Bake Simulation(烘焙模拟)→□(选项窗口)命令,如图 6-35 所示。

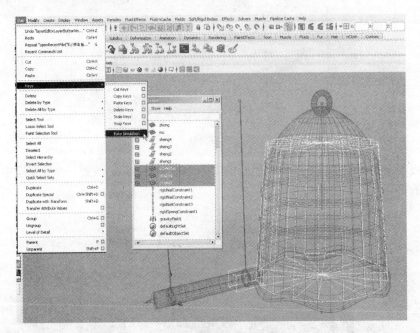

图 6-35

30)打开 Bake Simulation Options 窗口,在选项窗口中默认选项的基础上,单击选中 From Channel Box 单选按钮,使指定关键帧集将仅包含当前在"通道盒"中选定的那些通道的动画曲线。同时用左键在通道编辑器中将 Translate 和 Rotate 单击为高亮模式,然后单击 Bake(烘焙)按钮,如图 6-36 所示。

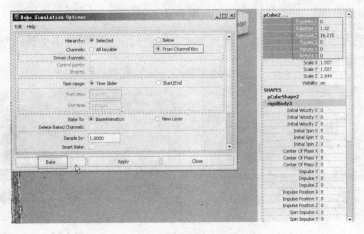

图 6-36

项目6 制作撞钟效果

31）烘焙完成后可以打开 Graph Editor（动画曲线编辑器），会看到动力学解算的结果以关键帧的形式被记录下来了，如图 6-37 所示。

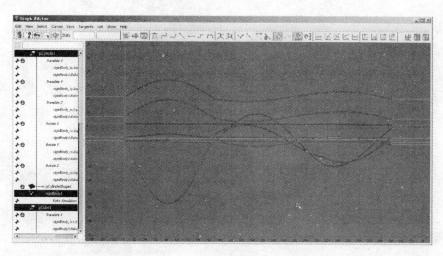

图 6-37

32）烘焙关键帧完成后，刚体的节点和刚体约束就可以删掉了。在大纲视图中首先观察一下小菜单 Display→Shapes 是否为勾选状态，如果不是勾选状态，一定要先进行激活，如图 6-38 所示。

33）接下来展开各个刚体物体下的层级，选择所有带"保龄球"图标的刚体节点和所有"!"图标的刚体约束，并按<Delete>键删除，如图 6-39 所示。

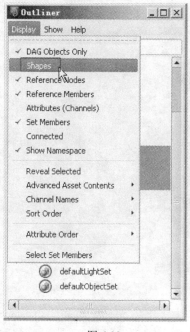

图 6-38

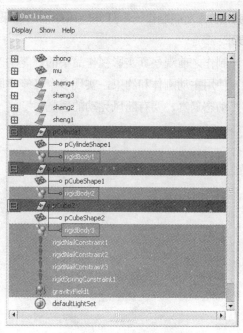

图 6-39

34）至此，古典风格大钟刚体效果制作就完成了。接下来还可以添加适合的材质和灯光效果以配合场景和项目，如图6-40所示。

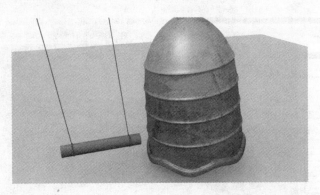

图6-40

 项目小结 «

通过学习实现"古典风格大钟的撞钟效果"这个项目，可以了解刚体使用的一般流程，并灵活地掌握较为复杂的场景相结合的一些方法。使用Maya的刚体解算功能可以模拟坚硬物体之间的动力学效果，从而控制物体的Translate和Rotate属性。制作这个项目完全使用主动刚体，依靠刚体约束来"吊起"刚体物体，然后在重力场和刚体属性的作用下实现动态效果。

 实践演练 «

使用刚体功能制作一串灯笼随风摇摆的效果。

要求：

1）制作之前观察真实影视作品中的灯笼动态。
2）使用主动刚体和约束，实现多个灯笼串联的效果。
3）动态逼真，要有随风晃动的感觉。

项目 7　制作油灯火苗的效果

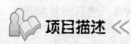

项目描述

油灯火苗的效果是动画片《侠岚》中一个起到点缀作用的动力学效果。在本项目中将通过学习柔体系统的功能来实现这一效果。柔体和刚体都是模拟物体的动态，所不同的是刚体针对于物体整个的运动，而柔体则是作用于物体上的顶点或控制点。油灯火苗的最终效果，如图 7-1 所示。

图 7-1

项目分析

在本项目中首先需要制作火苗模型。然后创建柔体物体，调节柔体物体属性，添加场控制柔体的动态并绘制柔体目标权重，最后添加火苗的材质并渲染输出。因此，本项目的制作分为以下 2 个任务来完成。

任　务	流　程　简　介
任务 1	制作火苗的模型
任务 2	创建柔体物体并进行渲染

项目教学及实施建议 12 学时。

知识准备

1. 关于柔体的创建类型

功能说明：使用柔体建立命令，以不同的方式建立柔体物体。

操作方法：选择物体，选择菜单命令，设置命令选项。

常用参数解析：菜单命令 Soft/Rigid Bodies→Create Soft Body（生成柔体）命令。

Creation options（生成选项）：这个属性可以选择 3 种不同的建立柔体的模式，包括如下。

Make soft（制作柔体）：直接将模型物体制作成为柔体物体。

Duplicate，make copy soft（复制，将复制物体作为柔体）：复制原物体，然后将复制出来的物体制作成为柔体物体。

Duplicate，make original soft（复制，将原物体作为柔体）：复制原物体，然后将原先的物体制作成为柔体物体。

2. 熟悉柔体创建的属性

功能说明：了解建立柔体命令的其他选项。

操作方法：选择物体，选择菜单命令，设置命令选项。

常用参数解析：Duplicate input graph（复制输入网格）。复制物体的同时复制与物体相关的输入节点组成的节点网格。

3. 柔体中吸附属性的作用

功能说明：理解粒子目标吸附作用的含义和作用。

操作方法：选择物体，进入属性编辑器，编辑属性参数。

常用参数解析：Make non-soft a goal（将非柔体物体作为吸引目标）。可以使柔体在某种程度上受到非柔体物体的影响，维持其原先的形态。

Weight（权重）。设置柔体物体受到的目标权重的吸引强度，这个数值从 0 到 1，默认值为 0.5。

建立完柔体后，选择柔体层级下的粒子物体 CopyOfffireParticle 打开通道编辑器，可以看到粒子属性通道中有一个名为 Goal Weight（目标权重）的属性，也就是在建立柔体时选项窗口中的 Weight（权重）选项设置的数值。如果这个数值为 0，则柔体完全不受到目标物体的影响，可以随意变形；如果数值为 1，则柔体的形状会受到目标物体的强烈影响，几乎不会发生变形。

4. 如何绘制柔体目标权重

功能说明：通过绘制权重，来使柔体的不同位置具有不同的目标吸附强度。

操作方法：选择物体，选择菜单命令，激活绘制工具，绘制权重。

常用参数解析：菜单命令 Soft/Rigid Bodies→Paint Soft Body Weights Tool（绘画柔体权重工具）→□（选项窗口）命令。展开这个窗口后，可以看到 Maya 的绘制工具有 4 种绘制方法。

Replace（替换）：用当前的数值替换绘制部分的数值。

Add（添加）：用当前数值添加到绘制部分的数值上。

Scale（缩放）：用当前数值缩放到（乘以）绘制部分的数值上。

Smooth（平滑）：使绘制部分的数值平滑过渡。

Value（数值）：则用来设置当前绘制的数值量，默认值为 1，即用白色代表，这个数值

项目 7　制作油灯火苗的效果

用来乘以粒子属性中的 Goal Weight（目标权重）。

项目实施 <<

任务 1　制作火苗的模型

1）首先打开文件夹中的素材场景 youdeng.mb，该文件夹里有一个已经制作完成的油灯模型，后续的制作步骤都将以这个场景为基础来制作油灯火苗，如图 7-2 所示。

2）使用曲线工具绘制出一个火苗的侧面轮廓，如图 7-3 所示，注意轮廓线的两个端点要放在世界中心的 Y 轴上。

图 7-2

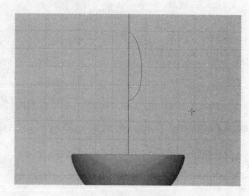
图 7-3

3）选中曲线，执行菜单命令 Surfaces→Revolve（旋转）命令，建立 Surface，如图 7-4 所示。

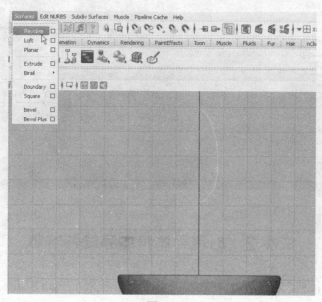
图 7-4

4）建立 Surface 之后，将其重命名为 fire。然后需要把物体枢轴点重置到中心，以便于操作。选择物体,选择菜单命令 Modify→Center Pivot(居中枢轴)命令,如图 7-5 所示。

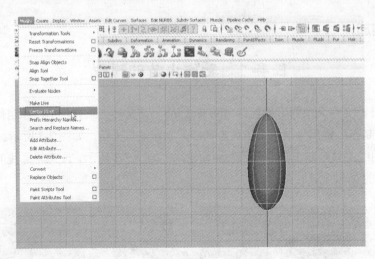

图 7-5

5)将火苗模型放置到油灯模型上相应位置后进行冻结操作,即选择菜单命令 Freeze Transformations,如图 7-6 所示。然后可以删除曲线,这样模型的多余历史也会被删除,便于下一步的制作。

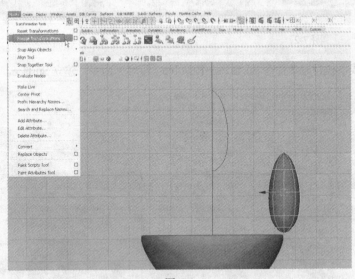

图 7-6

任务 2 创建柔体物体并进行渲染

1)选择火苗模型,进入动力学模块,选择菜单命令 Soft/Rigid Bodies→Create Soft Body(生成柔体)→□(选项窗口)命令,打开 Soft Option 窗口,如图 7-7 所示。

2)打开菜单命令的选项窗口后,并在 Creation Option 后的下拉菜单中。选择第二个选

项目7 制作油灯火苗的效果

项 "Duplicate,make copy soft"（复制原物体，然后将复制出来的物体制作成为柔体物体），如图7-8所示。

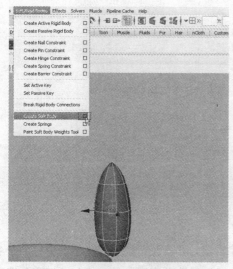
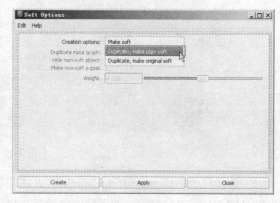

图 7-7　　　　　　　　　　　　　　图 7-8

3）然后单击选中 Hide non-soft object（隐藏非柔体物体）和 Make non-soft a goal（将非柔体物体作为吸引目标）复选框，单击 Create 按钮，如图7-9所示。

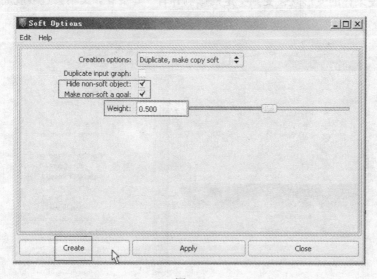

图 7-9

4）打开 Outliner（大纲视图），可以看见场景中出现了新的物体 copyOffire。展开这个物体的层级，可以看到在它的层级下有一个粒子物体名为 copyOffireParticle。将透视图视角对准火焰模型，可以发现原先的火焰模型 fire 处于隐藏状态，而复制出的物体 copyOffire 已经作为柔体物体被创建出来，且有相应的粒子来影响并控制它的形状。场景中的点状物体就是控制柔体形状的粒子，如图7-10所示。

101

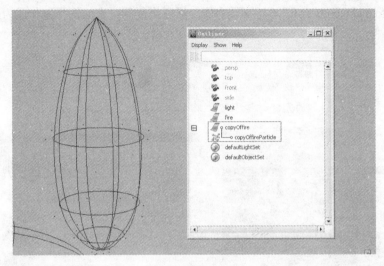

图 7-10

5）选择粒子物体 copyOffireParticle 打开通道编辑器，可以看到粒子属性通道中有一个名为 Goal Weight（目标权重）的属性，也就是在建立柔体时选项窗口中的 weight（权重）选项设置的数值。如果这个数值为 0，则柔体完全不受到目标物体的影响，可以随意变形；如果数值为 1，则柔体的形状会受到目标物体的强烈影响，几乎不会发生变形。在这里按照默认参数即 0.5，使柔体的变形既会受到一定的影响并有一定变化，又不会过多脱离原先形状，如图 7-11 所示。

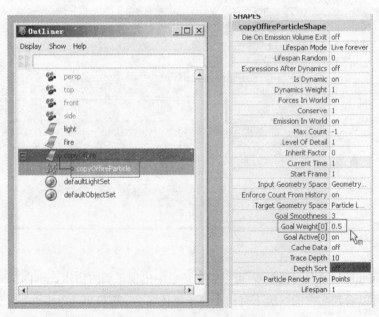

图 7-11

6）火苗柔体物体的变化主要是通过 Fields（场）来影响粒子，然后再通过粒子影响模型

项目 7 制作油灯火苗的效果

的顶点或控制点来实现的。选择柔体物体 copyOffire，然后选择菜单命令 Fields→Turbulence（扰乱场）命令，如图 7-12 所示。

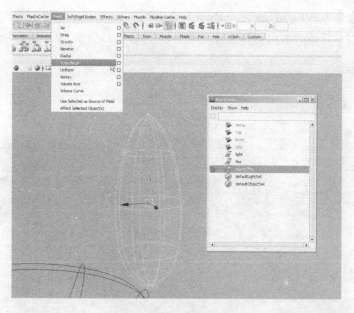

图 7-12

7）建立扰乱场后在通道编辑器中编辑属性，Magnitude（强度）设置为 10，Volume Shape（体积形状）设置为 Sphere（球形），然后通过移动、缩放等操作来包裹住火焰柔体物体，如图 7-13 所示。

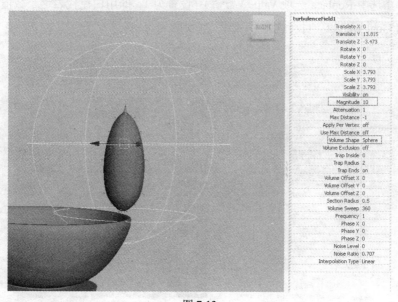

图 7-13

8）在火焰柔体的动态效果中，需要火苗的顶部和底部都有不同幅度的运动，而在上面的操作步骤中所设置的 Goal Weight（目标权重）数值只能控制整个模型，而要让柔体表面不同区域具有不同的目标权重数值，就需要使用"绘制"柔体权重工具了。选择火苗柔体模型，然后选择菜单命令 Soft/Rigid Bodies→Paint Soft Body Weights Tool（绘制柔体权重工具）→□（选项窗口）命令，如图 7-14 所示。

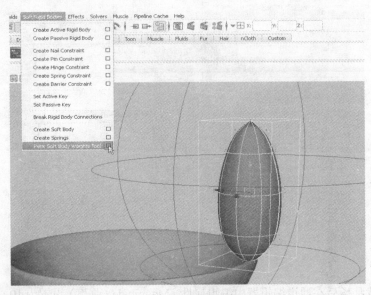

图 7-14

9）展开 Paint Attributes 后，可以看到 Maya 的绘制工具有以下 4 种绘制方法。

这里单击选中 Replace 选项 Value（数值）：设置为 1，即用白色代表这个数值用来乘以粒子属性中的 Goal Weight（目标权重），如图 7-15 所示。

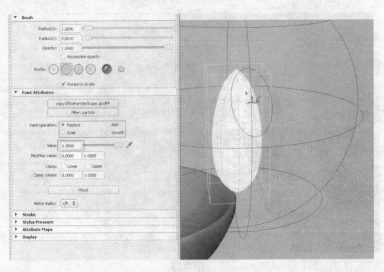

图 7-15

10）将 Value 设置为 0.45，单击 Flood（填充）按钮，则柔体各个部分的权重值被设置为

项目 7 制作油灯火苗的效果

0.45，最后的效果相当于 0.45 乘以粒子属性中的 Goal Weight（目标权重）的值 0.5，进一步实现了减弱目标吸引对柔体形状的影响程度，如图 7-16 所示。

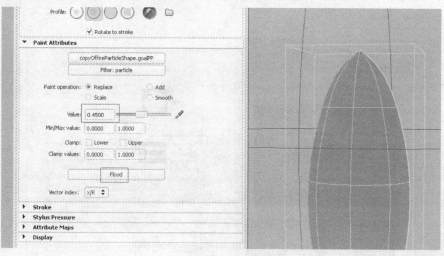

图 7-16

11）为了减弱火苗底部的运动幅度，将火苗底部的 Value 值设置为 0.6，如图 7-17 所示。

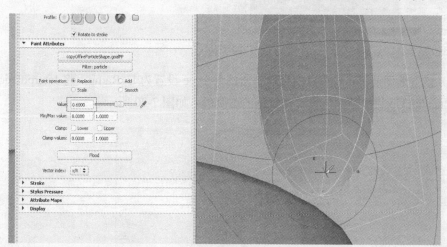

图 7-17

12）完成上述步骤后再播放动画，就可以看到柔体在扰乱场的影响下发生变形，而且顶部的变形比底部的变形要明显很多，如图 7-18 所示。

13）火苗模型的动力学效果到此已经制作完成，接下来是赋予火苗模型一个新的 lambert 材质球，并调整其属性参数。按<Ctrl+A>组合键打开属性编辑器，展开

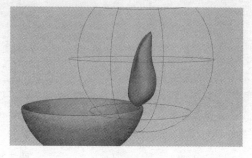

图 7-18

105

Special Effects 栏，将 Glow Intensity（辉光强度）设置为 0.2。然后单击 Common Material Attributes 栏中的 Incandescence（灼热属性）后方的"纹理插入"图标，建立一个 Ramp（渐变纹理）节点，如图 7-19 所示。

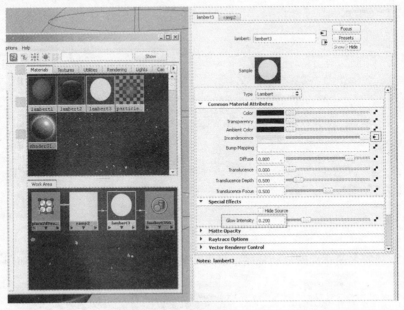

图 7-19

14）接下来调节 Ramp 节点的属性。通过将 Type 设置为 U Ramp，将 Interpolation 设置为 Exponential Up,将火苗颜色设置为黄色的过渡色，如图 7-20 所示。

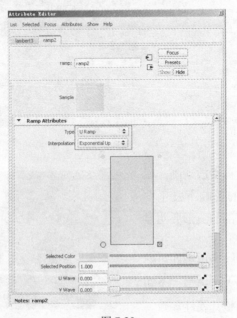

图 7-20

项目 7　制作油灯火苗的效果

15）完成设置后进行模拟和渲染，如图 7-21 所示。

16）接下来就可以将油灯放置到场景中进行最终渲染了。当然一般在正规的制作流程中应该分层渲染以便于后期校色合成，如图 7-22 所示。

图 7-21　　　　　　　　　　　　　　图 7-22

项目小结

油灯火苗效果是一个点缀型的动力学效果，因此要力求使用简单的方法进行制作。在本项目中学习了有关柔体的使用方法和功能。首先，要明白柔体和刚体的不同：刚体作用于物体整个的运动，而柔体则是通过粒子作用于物体上的顶点或控制点。其次要理解用柔体制作火苗效果可以节省很多资源，尤其是在渲染方面有很明显的优势。最后要掌握可以用"场"来直接影响物体的形状，该功能主要是通过粒子作为媒介来实现的。所以在学习本项目之前要对粒子有一定的了解将有助于更好地学习掌握柔体功能。

完成任务

使用柔体制作蜡烛燃烧的效果。

要求：

1）首先制作蜡烛和火苗的模型，然后用柔体制作完成火苗效果。

2）火苗动态逼真，而且要有不断跳动或者晃动的效果。

3）画面要具有整体感，火苗不同部分的运动幅度要有所不同。

项目 8　制作茶壶上流体烟雾效果

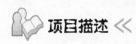

茶壶上流体烟雾效果是《侠岚》动画情节中出现的一个 Maya 流体效果。Maya 的流体功能十分强大，可以非常真实地模拟烟、火、云、雾等效果。使用流体功能来制作自然效果时比使用粒子要逼真很多，而且粒子发射器的参数设置比较复杂，渲染也比较慢。因此在这个项目中将使用流体系统制作，同时还要注意流体功能独特的操作方式以及使用概念的转变。流体烟雾的最终效果，如图 8-1 所示。

图 8-1

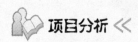

本项目需要建立流体容器和发射器，然后调节流体容器和发射器的属性，并设置流体和物体发生碰撞。因此，本项目的制作分为以下 2 个任务来完成。

任　务	流　程　简　介
任务 1	建立流体容器
任务 2	实现雾气蒸腾效果

项目教学及实施建议 20 学时。

1. 添加流体发射器

功能说明：建立流体发射器配合容器产生流体效果。

项目 8　制作茶壶上流体烟雾效果

操作方法：选择容器，选择菜单命令，建立发射器。

常用参数解析：选择菜单 Fluid Effects（流体效果）→Create 3D Container（建立 3D 容器）。选择要关联的容器，然后单击菜单命令 Fluid Effects（流体效果）→Add/Edit Contents（添加/编辑内容）→Emitter（发射器）命令。

2. 调节发射器和流体容器的属性

功能说明：调节流体物体属性，完善流体效果。

操作方法：选择物体，进入属性编辑器，编辑属性参数。

常用参数解析：选择发射器的情况下打开属性编辑器，观察一下发射器的属性参数。其中包括 Basic Emitter Attributes（基本发射器属性栏）、Fluid Attributes（流体属性栏）、Emission Speed Attributes（发射速度属性栏）。

3. 添加流体和物体碰撞的效果

功能说明：使流体效果和物体产生互动效果。

操作方法：选择流体容器和物体，选择菜单命令。

常用参数解析：选择流体容器，然后选择模型，选择菜单 Fluid Effects→Make Collide 命令。

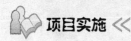项目实施

任务 1　建立流体容器

1）如果要使用 Maya 的流体效果，第一步是建立容器。首先选择菜单 Fluid Effects（流体效果）→Create 3D Container（建立 3D 容器）命令。这里首先介绍一下容器的建立选项对话框，单击菜单命令后面的选项窗口，如图 8-2 所示。

2）在 Create 3D Container Options 窗口内，有两组参数，其中 X/Y/Z resolution 是指定容器在 3 个的轴向上的分辨率；X/Y/Z size 为容器在 3 个轴向上的大小。分辨率控制流体效果的模拟精度，大小控制流体效果的范围。这里使用默认选项，单击 Apply and Close 按钮，如图 8-3 所示。

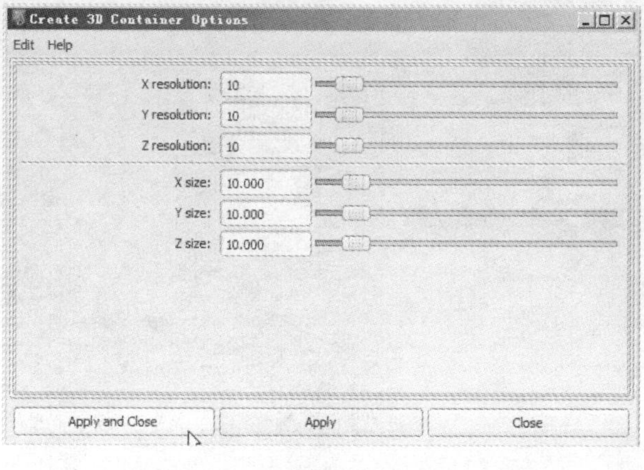

图 8-2

图 8-3

3）建立容器后可以看见流体容器是一个立方体，流体效果只有在容器的容积内部才会起到效果。容器的分辨率可以从容器底部的方格来观察，要模拟流体效果首先要注意设置好容器的大小和分辨率，如图 8-4 所示。

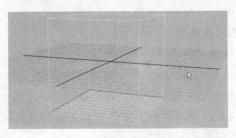

图 8-4

4）本流体效果需要使用发射器，因此先给流体添加发射器。首先要选择要关联的容器，然后单击菜单 Fluid Effects（流体效果）→Add/Edit Contents（添加/编辑内容）→Emitter（发射器）命令，如图 8-5 所示。

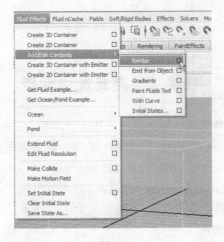

图 8-5

5）执行完菜单命令后打开 Outliner 大纲视图，可以看见在流体容器 fluid1 的层级下面出现了一个流体发射器，名为 fluidEmitter1，流体发射器必须要有与之相对应的容器才能起到作用，如图 8-6 所示。

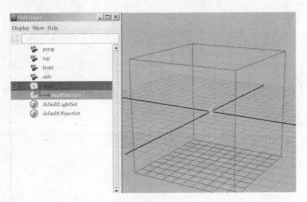

图 8-6

项目 8　制作茶壶上流体烟雾效果

6）接下来介绍 Fluid Attributes（流体属性）栏其中包含发射器及其各种与流体相关的属性，如图 8-7 所示。

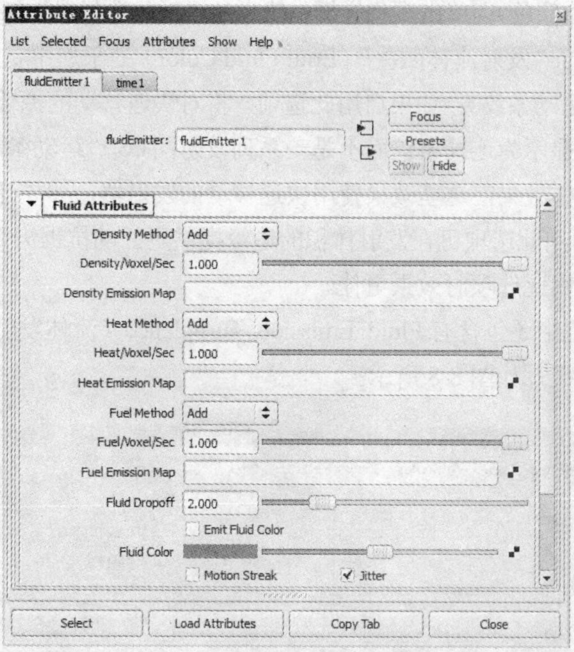

图 8-7

Density Method（密度发射方式）：确定如何在流体中设定密度发射值。

Density/Voxel/Sec（密度/体素/秒）：设定每秒将"密度"（Density）值发射到栅格体素的平均速率。负值会从栅格中移除"密度"（Density）。

Density Emission Map（密度发射贴图）：选择想要映射到密度发射的二维纹理。使用"密度发射贴图"（Density Emission Map），可以映射二维纹理来控制发射密度。

Heat Method（热量发射方式）：同密度发射方式一样，确定如何在流体中设定热量发射值。

Heat/Voxel/Sec（热量/体素/秒）：设定每秒将"温度"（Temperature）值发射到栅格体素的平均速率。负值会从栅格中移除热量。

Heat Emission Map（热量发射贴图）：选择要映射到热量发射的二维纹理。使用"热量发射贴图"（Heat Emission Map），可以映射二维纹理来控制发射的热量，其中包括温度。

Fuel Method（燃料发射方法）：确定如何在流体中设定燃料发射值。

Fuel/Voxel/Sec（燃料/体素/秒）：设定每秒将"燃料"（Fuel）值发射到栅格体素的平均速率。负值会从栅格中移除"燃料"（Fuel）。

Fuel Emission Map（燃料发射贴图）：选择要映射到燃料发射的二维纹理。使用"燃料发射贴图"（Fuel Emission Map），可以映射二维纹理来控制发射的燃料。

Fluid Dropoff（流体衰减）：设定流体发射的衰减值。对于"体积"（Volume）发射器，该衰减值指定在远离体积轴时发射的衰减量（取决于体积形状）。对于"泛向"（Omni）、"表面"（Surface）和"曲线"（Curve）发射器，该衰减值取决于发射点，并从"最小距离"（Min Distance）到"最大距离"（Max Distance）发射。

Emit Fluid Color（发射流体颜色）：启用此选项可将颜色发射到流体颜色栅格中。栅格必须是动态的。

Fluid Color（流体颜色）：单击颜色样例，然后从"颜色选择器"（Color Chooser）中选择发射的流体颜色。仅当"发射流体颜色"（Emit Fluid Color）处于启用状态时，才使用此颜色。

Motion Streak（运动条纹）：如果启用此选项，将对快速移动的流体发射器中的流体条纹进行平滑处理，使其显示为连续条纹而不是一系列发射图章。"运动条纹"（Motion Streak）可用于创建连续的流体效果，这些效果使用快速移动的发射器，如导弹轨迹和火箭拖尾。

Jitter（抖动）：启用此选项可在发射体积的边缘提供更好的抗锯齿效果。某些效果（如海洋和池塘尾迹）在禁用此选项时效果更佳。

7) 在流体属性栏中还包含有 Fluid Emission Turbulence（流体发射扰乱属性）栏，用于设置发射器的扰乱效果，如图 8-8 所示。

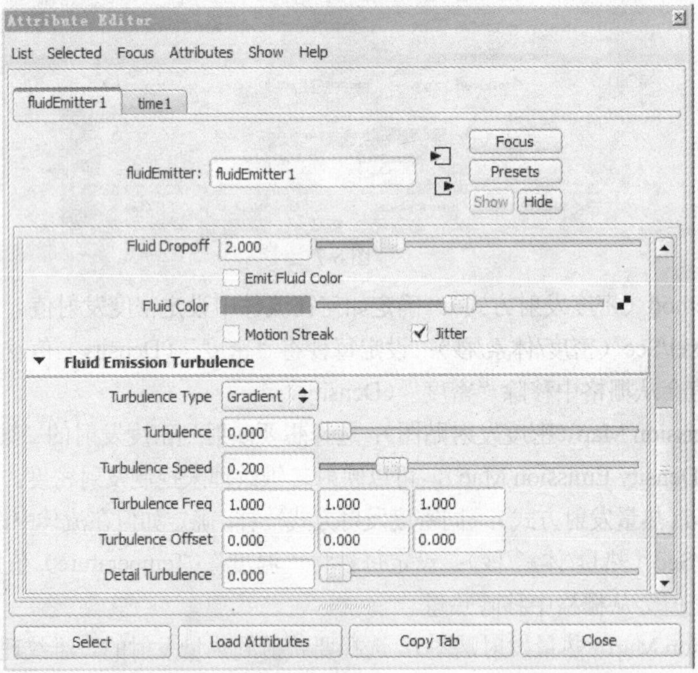

图 8-8

Turbulence Type（扰乱类型）：选择要应用于流体发射的扰乱类型，类型包括以下选项。
①Gradient（渐变）：应用在空间内平滑排列的扰乱。
②Random（随机）：应用随机扰乱。

Turbulence（扰乱）：模拟一段时间内形成的扰乱风的力的强度。

Turbulence Speed（扰乱速度）：扰乱随时间改变的速率。扰乱每 1.0/"扰乱速度"（Turbulence Speed）秒无缝地循环一次。若要设置此速率，须将一个新的时间节点附加到时间输入中，然后在该时间节点上设置时间值。

Turbulence Freq（扰乱频率）：控制有多少重复的扰乱函数包含在发射器边界体积内部。

较低的值会创建非常平滑的扰乱。

Turbulence Offset（扰乱偏移）：使用此选项可以平移体积内的扰乱。设置该值可以模拟吹起的扰乱风。

Detail Turbulence（细节扰乱）：频率第二高的扰乱的相对强度。这可用于在大比例流中创建精细的特征。第二个扰乱上的速度和频率均高于主扰乱。当"细节扰乱"（Detail Turbulence）不为零时，由于要计算第二个扰乱，因此模拟的运行速度可能会稍微变慢。

任务2 实现雾气蒸腾效果

1）接下来开始制作茶壶中冒出蒸汽的效果，在刚才建立的流体容器和发射器的场景中，载入茶壶的模型。打开素材文件夹，载入 Maya 文件 chahu_moxing.mb，这是一个茶壶形状的多边形模型，如图 8-9 所示。

2）考虑到蒸汽还会从壶盖的缝隙中冒出来的，因此需要流体发射器为环形发射。选择流体发射器，调节通道编辑器中的参数。设置 Emitter Type（发射器类型）为 Volume（体积）；Volume Shape（体积形状）为 Torus；Section Radius（截面半径）为 0.2，如图 8-10 所示。

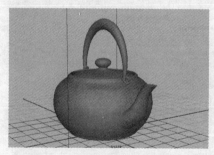
图 8-9

图 8-10

3）设置流体发射器的发射属性。将 Density/Voxel/Sec 属性设置为 10，使发射器的发射密度属性增加为原先的 10 倍，如图 8-11 所示。

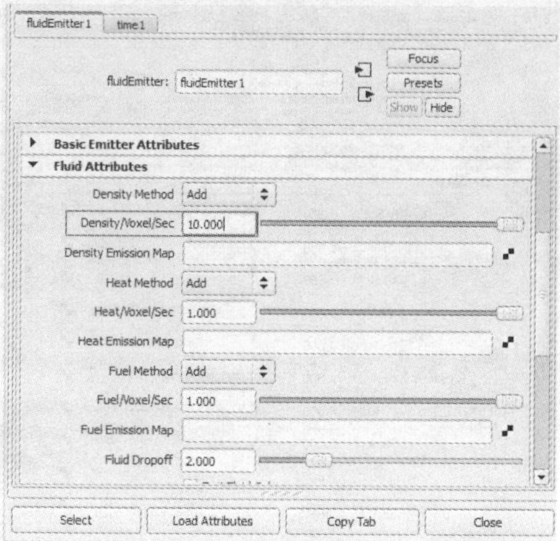

图 8-11

4）接下来设置发射器的扰乱属性将 Turbulence 扰乱设置为 10；Turblence Speed 扰乱速度设置为 0.5；Detail Turbulence 细节扰乱设置为 1，这样在总的扰乱中再添加细节的扰乱，如图 8-12 所示。

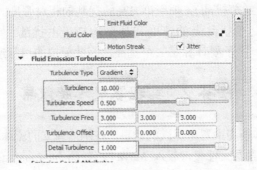

图 8-12

5）接下来设置流体容器的属性。首先设置容器属性，将 Base Resolution 设置为 100。将容器的大小设置为（8、10、8），然后将容器的位置按图 8-13 所示进行摆放。

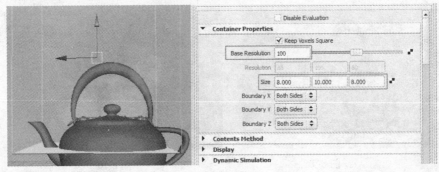

图 8-13

6）由于蒸汽需要逐渐消散，因此设置密度属性栏下的 Dissipation 属性为 0.6，如图 8-14 所示。

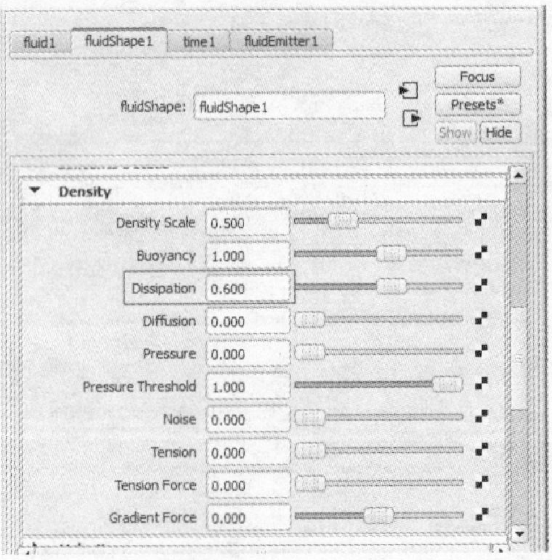

图 8-14

项目 8　制作茶壶上流体烟雾效果

7）设置速度属性栏中的属性。将 Swirl 设置为 10；Noise 设置为 1。设置扰乱属性栏中的属性。将 Strength 设置为 0.6；Frequnecy 设置为 1，如图 8-15 所示。

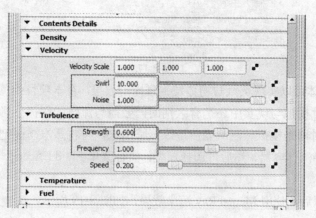

图 8-15

8）在着色属性栏中设置透明属性。Transparency（透明度）属性在制作过程中可以理解为整体透明度，而 Opacity（不透明度）属性则可理解为透明度在不同位置上的范围。前者为一个统一的颜色来控制，使用浅灰色；后者通过曲线来进行细微的调节，曲线的效果需要反复测试。Transparency（透明度）可缩放单通道 Opacity（不透明度）的值，如图 8-16 所示。

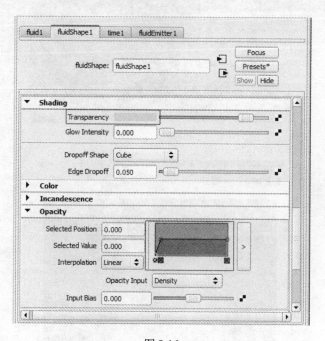

图 8-16

9）设置 Shading Quality 栏的属性可以显著提高流体模拟和渲染的质量。设置 Quality 为 3，Render Interpolator 为 smooth，如图 8-17 所示。

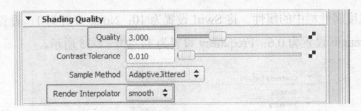

图 8-17

10）Maya 流体可以实现蒸汽与物体发生碰撞的效果，在本项目中蒸汽会与茶壶壶把发生碰撞。因为软件模拟与现实中还是有区别的，壶盖与流体的碰撞会影响模拟效果，所以先使用环形的发射器来模拟蒸汽从壶盖边缘蒸腾出来，再将蒸汽与壶把的碰撞使用流体碰撞功能完成。选择流体容器，然后再选择模型，执行菜单 Fluid Effects→Make Collide 命令，如图 8-18 所示。

11）进行模拟后，使用 Mental Ray 渲染效果，如图 8-19 所示。

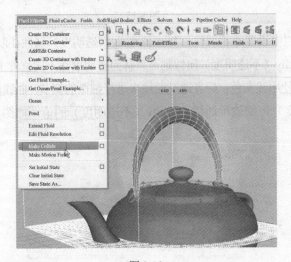

图 8-18

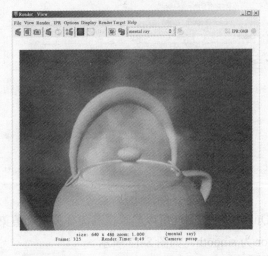

图 8-19

项目 8　制作茶壶上流体烟雾效果

12）在影视制作中，一般采取分层渲染，即单独渲染流体效果，然后在后期制作中与背景合成，便于控制效果。在软件渲染中为了便于抠掉物体遮罩，可以将物体材质球的 Matte Opacity Mode 设置为 Black Hole，即"黑洞"，如图 8-20 所示。

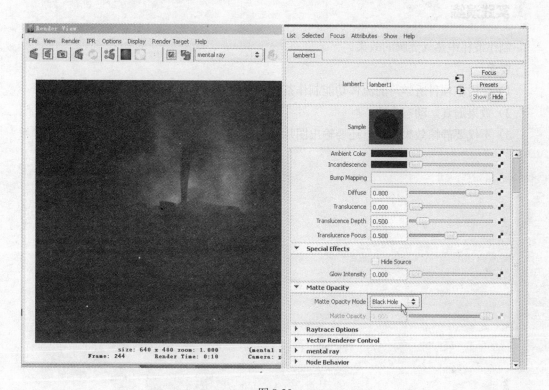

图 8-20

13）冒着蒸汽的茶壶与场景的最终合成效果，如图 8-21 所示。

图 8-21

 项目小结 《《

本项目主要讲述了流体的相关知识和技巧，和粒子的制作思路有所区别。本项目首先要了解流体容器的概念,以及如何给特定的流体容器添加发射器,特别是要理解流体容器的各种属性,还要考虑流体和物体发生碰撞的问题。

实践演练 «

制作茶杯中热气蒸腾的效果。

要求:

1)使用本项目所学习的流体功能制作茶杯热气效果。

2)效果逼真,动态合理。

3)不仅要静帧效果美观,还要输出图片序列。

项目 9　制作流体火焰效果

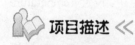

通过 Maya 流体系统模拟火焰要比粒子系统模拟火焰更加逼真,这是因为粒子是靠大量粒子相互叠加而成的视觉效果,在细节模拟方面表现不是那么完美,更适于大面积的远景制作,而有些特写镜头中则需要用流体系统来模拟火焰的细节。本项目主要是讲解如何使用流体制作火焰的过程,最终效果,如图 9-1 所示。

图 9-1

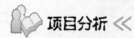

本项目制作需要建立流体容器和发射器,然后再调节发射器和流体容器的燃料属性。因此,本项目的制作分为以下 2 个任务来完成。

任　务	流　程　简　介
任务 1	建立流体容器和发射器
任务 2	调节发射器和流体容器的属性制作火焰效果

项目教学及实施建议 16 学时。

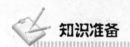

1. 流体燃料和热量属性的使用

功能说明:通过设置流体物体的燃料属性来模拟火焰效果。

操作方法：选择流体物体，进入属性编辑器，编辑属性参数。

常用参数解析：关于热量和燃料的属性比较琐碎。

在本项目的制作过程中，首先在 Contents Method（内容方法）属性栏中，设置 Temperature 温度和 Fuel 燃料为 Dynamic Grid，即动力学网格。

在容器的动力学模拟（Dynamic Simulation）属性栏中，设置 Simulation Rate Scale（模拟速率缩放）、设置温度的 Temperature Scale（温度缩放）属性、Fuel 燃料属性栏，Fuel Scale（燃料缩放）属性。

2. 流体 Shading 属性的使用

功能说明：通过精细调节流体的着色属性制作火焰效果。

操作方法：选择流体物体，进入属性编辑器，编辑属性参数。

常用参数解析：调节流体容器的 Shading（着色）属性栏中的各种属性。

项目实施

任务1 建立流体容器和发射器

使用流体菜单命令，理论上应首先建立容器，然后再单独添加流体发射器，但在 Maya 中可以直接建立一个带有发射器的流体容器。选择菜单命令 Fluid Effects→Create3D Container with Emitter（创建具有发射器的 3D 容器），如图 9-2 所示。

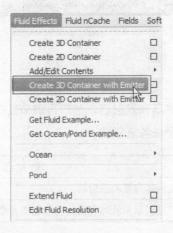

图 9-2

任务2 调节发射器和流体容器的属性制作火焰效果

1）选择流体容器，按<Ctrl+A>组合键打开属性编辑器，首先设置 Container Properties（容器）属性栏：将 Base Resolution（基本分辨率）设置为 30；将 Size（容器大小）设为（8,10,8）；

项目 9 制作流体火焰效果

将 Boundary Y（边界 Y）设置为-Y Side，这样容器的底部会对流体产生遮挡效果，类似于地面碰撞的效果。属性设置效果，如图 9-3 所示。

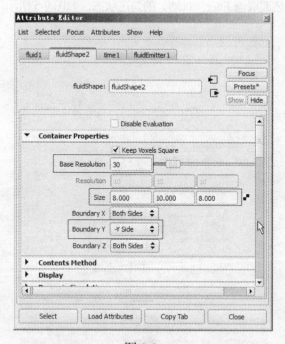

图 9-3

2）接下来选择流体容器。将 Emitter Type（发射器类型）设置为 Volume（体积）；将 Volume Shape（体积形状）设置为 Torus，如图 9-4 所示。

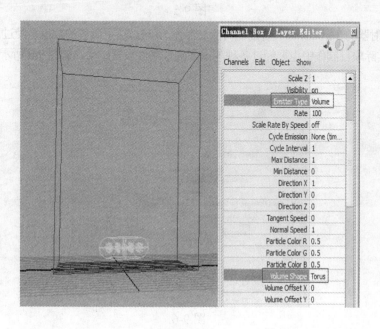

图 9-4

121

3）在选择流体发射器的情况下按<Ctrl+A>组合键打开属性编辑器，设置流体属性栏。将 Heat/Voxel/Sec 即发射器发射的热量速率数值设置为 2；将 Fuel/Voxel/Sec 即发射器发射的燃料速率数值设置为 4。注意还要取消 Jitter（抖动）的勾选状态，如图 9-5 所示。

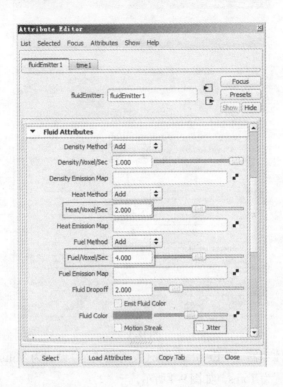

图 9-5

4）将发射器的 Turbulence（扰乱）属性设置为 1.157。这个属性的数值是经过反复测试实验的结果，在实际项目制作中也要经过各种测试来确定属性设置结果，如图 9-6 所示。

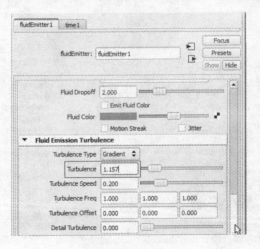

图 9-6

5）展开流体发射器的 Volume Emitter Attributes（体积发射器）属性栏，将 Volume Shape（体

项目 9 制作流体火焰效果

积形状）设置为 Torus，单击取消 Normalized Dropoff（设置为规格化衰减）选项，这样流体容器的大小不会影响到流体发射的属性，如图 9-7 所示。

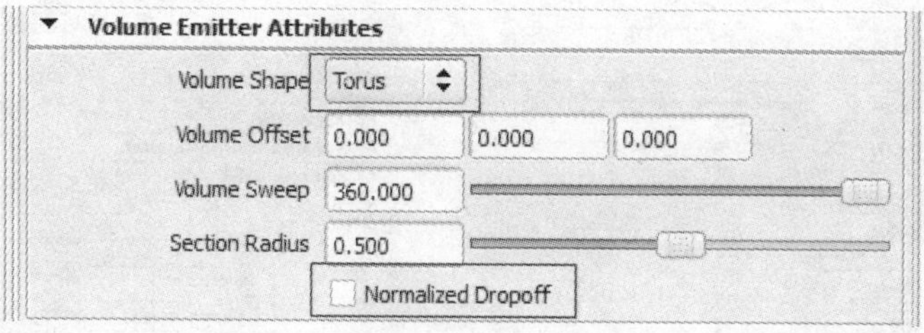

图 9-7

6）接下来设置流体容器属性。先在 Contents Method 栏中，设置 Temperature（温度）和 Fuel（燃料）为 Dynamic Grid（动力学网格），这样流体容器内的温度和燃料都会以动力学模式进行模拟，如图 9-8 所示。

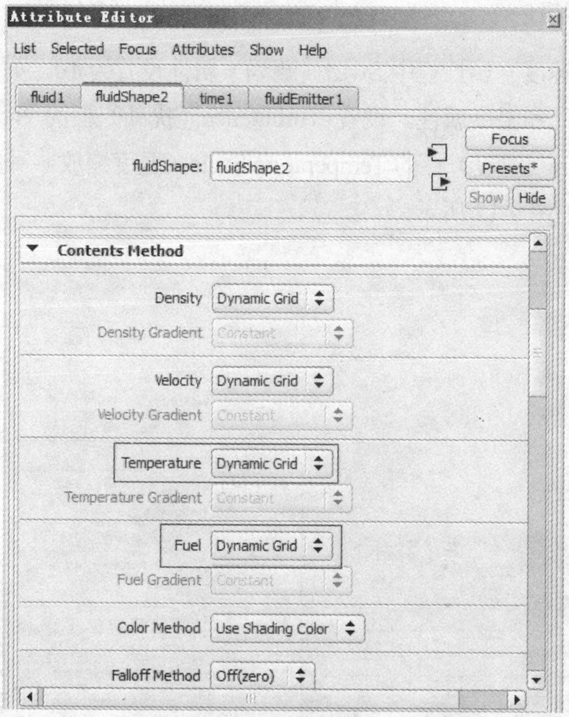

图 9-8

7）设置容器的 Dynamic Simulation（动力学模拟）属性栏。将 Simulation Rate Scale（模拟速率缩放）设置为 2，也就是使流体模拟速度变为原来的 2 倍，这样更能模拟火焰高速翻腾的效果，如图 9-9 所示。

8）设置容器的 Density 密度属性栏。将 Buoyancy（浮力）属性设置为 9；Dissipation（消散）设置为 0.182，如图 9-10 所示。

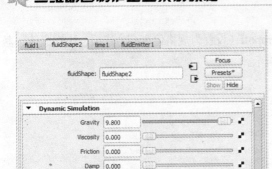
图 9-9

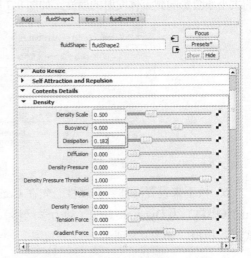
图 9-10

9）将 Velocity（速度）属性栏中 Swirl（漩涡）属性设置为 10，如图 9-11 所示。

10）然后设置扰乱和温度属性。设置 Turbulence（扰乱）栏的 Strength（强度）属性为 0.01；设置 Temperature（温度）栏的 Temperature Scale（温度缩放）属性为 1.934，Buoyancy（浮力）设置为 9，如图 9-12 所示。

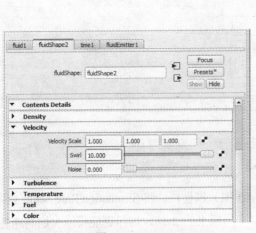
图 9-11

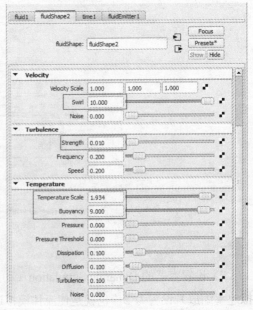
图 9-12

11）接下来是 Fuel（燃料属性）栏。将 Fuel Scale（燃料缩放）属性设置为 1.967，Reacation Speed（反应速度）属性设置为 0.967，如图 9-13 所示。

项目 9 制作流体火焰效果

12）Shading（着色属性）栏在制作流体火焰效果的过程中至关重要，这组属性的设置将会对最终的结果产生明显的影响。首先将 Tranparency（透明度）设置为浅灰色；将 Dropoff Shape（衰减形状）设置为 Sphere；将 Edge Dropoff（边缘衰减）设置为 0.446，这样可以防止流体火苗因为接触到容器边缘而产生"中断"。而在 Color（颜色）属性栏中，因为火苗本身是不发光的，所以将颜色设置为黑色，如图 9-14 所示。

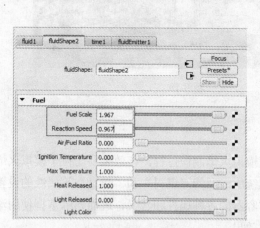

图 9-13   图 9-14

13）然后在 Opacity（不透明度）栏中首先编辑梯度线。将 Opacity Input 设置为 Density（密度），即用密度作为输入值；在 Input Bias 后的文本框输入偏移值为 0.315，如图 9-15 所示。

14）最后，设置 Shading Quality（着色质量）栏。将 Quality（质量）设置为 5；Render Interpolator（渲染插补）设置为 Smooth 即平滑，如图 9-16 所示。

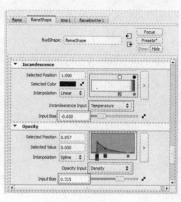 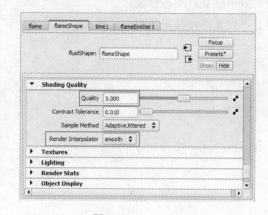

图 9-15   图 9-16

15）各种设置完成后，即可进行动力学模拟播放，再进行渲染。火焰的渲染效果，如图 9-17 所示。

16）完成了流体火焰效果之后可以进行批渲染，即将序列作为图层进行后期合成。完成特效镜头的最终合成，如图9-18所示。

图9-17

图9-18

 项目小结 «

本项目详细讲解了通过 Maya 的流体系统模拟火焰制作过程，该效果要比粒子模拟火焰更加逼真，可以实现火焰的丰富细节。流体系统所涉及的"燃料"和"热量"等属性的设置比较琐碎，因此这个项目着重让学生了解流体容器的各种属性和含义，进而熟练掌握使用流体的"扰乱"和"着色"等属性来获得理想的效果。

 实践演练 «

使用流体制作篝火燃烧的效果。

要求：

1）使用所学的流体功能制作篝火燃烧的效果。

2）效果逼真，动态合理。

3）不仅要静帧效果美观，还要输出图片序列。

项目 10　制作天空中的云朵

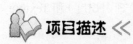

项目描述

流体云朵的制作是 Maya 流体学习中经常涉及的一个案例。Maya 的流体功能十分强大，模拟云层的效果十分逼真，而且可以通过不同的参数设置来实现独特的视觉特效。通过流体系统制作的云朵最终效果，如图 10-1 所示。

图 10-1

项目分析

本项目制作中首先需要建立流体容器，然后调节流体容器的一般属性，最后调节流体容器的纹理属性。因此，本项目的制作分为以下 2 个任务来完成。

任　务	流　程　简　介
任务 1	建立流体容器并设置属性
任务 2	调节流体容器的纹理属性

项目教学及实施建议 14 学时。

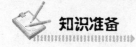

知识准备

1. 设置流体纹理的一般步骤

功能说明：通过精细调节流体的纹理属性制作云层效果。

操作方法：选择流体物体，进入属性编辑器，编辑属性参数。

常用参数解析：

1）选择流体容器。

2）在 fluidShape Attribute Editor（属性编辑器）中，展开 Textures（纹理）区域，并启用要上纹理的属性，即 Texture Color（纹理颜色）、Texture Incandescence（纹理白炽度）和 Texture Opacity（纹理不透明度）。

3）在 Texture Type（纹理类型）列表中，选择要应用的纹理。

4）无法向每个 Color（颜色）、Incandescence（白炽度）和 Opacity（不透明度）应用不同的纹理。所选择的纹理类型会应用到要上纹理的所有属性。

5）在"坐标方法"（Coordinate Method）列表中，选择要使用的方法。可以在空间中固定纹理（"固定"（Fixed）），或者纹理可以随流体动态移动 Grid（栅格）。

6）如果选择 Grid（栅格）作为 Coordinate Method（坐标方法），请设定 Coordinate Speed（坐标速度）。

7）修改纹理属性，直到实现所需的效果。有关详细信息，请参见纹理。

8）设置 Texture Time（纹理时间）属性的关键帧以设置纹理的动画。

2. 使用流体形状着色器来为粒子着色

功能说明：通过精细调节流体的照明属性制作云层阴影效果。

操作方法：选择流体物体，进入属性编辑器，编辑属性参数。

常用参数解析：

1）创建 Cloud（云）粒子系统。

2）在粒子形状上单击鼠标右键，然后从弹出的菜单中选择 Assign New Material（指定新材质）。

3）在 Assign New Material（指定新材质）窗口中，单击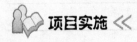图标。

4）Maya 会创建一个流体容器（fluidShape 节点）。容器将显示在场景中，但仅在粒子上渲染。

5）将内容添加到容器。

6）渲染场景。

7）基于年龄修改粒子外观（这与普通粒子着色器的方式一样）。

项目实施

任务1 建立流体容器并设置属性

1）选择菜单命令 Fluid Effects→Create 3D Container 命令，建立一个标准的三维流体容器，如图 10-2 所示。

2）选中容器，按<Ctrl+A>组合键，打开属性编辑器，展开 Container Properties（容器特性）属性栏，设置 Base Resolution（基本分辨率）为 30，设置 Size（大小）属性为（30, 2, 30），如图 10-3 所示。

项目 10 制作天空中的云朵

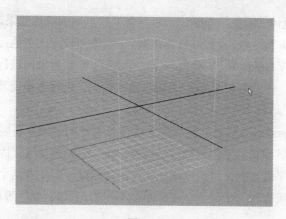

图 10-2

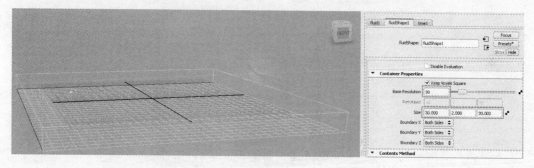

图 10-3

3）本项目中不需要添加发射器，但流体系统需要通过静态梯度来实现。因此展开 Shading（着色）属性栏，然后将 Transparecy（透明度）设置为 50%灰度。然后在 Opacity 栏中将 Opacity Inpute（透明输入）设置为 Y Gradient（Y 梯度），如图 10-4 所示。

4）设置完成后，流体容器中出现了白色的流体填充效果，如图 10-5 所示。

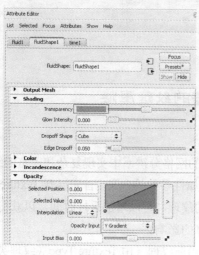

图 10-4

图 10-5

129

5）接下来设置流体的颜色，需要让云彩呈现上白下黑的颜色效果。在 Color（颜色）栏的 Seleted Color 渐变编辑区域，设置左侧为浅灰色，右侧为较深的灰色；然后再将 Color Inpute（透明输入）设置为 Y Gradient（Y 梯度），即让颜色以 Y 轴为轴向进行渐变，且上部分为浅灰色下部分为深灰色。注意可以对 Input Bias（输入偏向）进行适量调节，可以微调黑白深浅颜色的相对比例。

6）编辑 Incandescence（灼热）栏。因为本项目制作的云彩不需要自发光效果，因此可以将整个渐变编辑区域设置为黑色。最后是设置 Opacity 栏的梯度，因为这个效果中的云彩边缘过渡区域无须太平缓，所以可适度增加梯度的倾斜度。但注意这个梯度效果很敏感，一点点微小的数值差别所得到的结果是会出现明显不同的。流体的颜色等属性的设置，如图 10-6 所示。

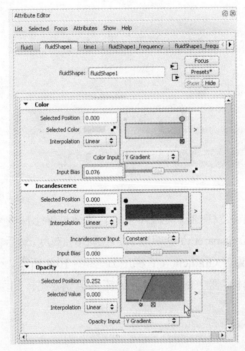

图 10-6

任务 2 调节流体容器的纹理属性

1. Maya 流体的纹理

Maya 流体的纹理效果非常实用，它可以在有限的网格分辨率中实现复杂和丰富的细节。首先简单讲解一下"流体容器纹理属性栏"中的各项属性参数的含义。首先展开 Textures（纹理）属性栏。纹理属性是使用内置到流体形状节点的纹理，可以增加采样时间，以获得高质量渲染。内置纹理的采样是自适应的不受动力学解算的影响。

1）Texture Color（纹理颜色）：启用此选项可将当前纹理（由 Texture Type（纹理类型）定义）应用到颜色渐变的 Color Input（颜色输入）值。

项目 10　制作天空中的云朵

2）Texture Incandescence（纹理白炽度）：启用此选项可将当前纹理（由 Texture Type（纹理类型）定义）应用到 Incandescence Input（白炽度输入）值。

3）Texture Opacity（纹理不透明度）：启用此选项可将当前纹理（由"纹理类型"（Texture Type）定义）应用到 Opacity Input（不透明度输入）值。

4）Texture Type（纹理类型）：选择如何在容器中对 Density（密度）进行纹理操作。纹理中心就是流体的中心。这个属性包括如下选项。

①Perlin Noise（柏林噪波）：用于 solidFractal 纹理的标准 3D 噪波。

②Billow（翻滚）：具有蓬松的云状效果。翻滚是计算密集型操作，因此速度缓慢。

③Volume Wave（体积波浪）：空间中的 3D 波浪之和。

④Wispy（束状）：使用另一个噪波作为涂抹贴图的 Perlin Noise（柏林噪波）。这会使噪波在位置中拉伸，从而创建有条纹的束状效果。

⑤Space Time（空间时间）：Perlin Noise（柏林噪波）的 4 维版本，其中时间是第 4 个维度。

5）Mandelbrot：使用此内置的 Mandelbrot 纹理设置流体不透明度的纹理。

6）Coordinate Method（坐标方法）：选择如何定义纹理坐标。这个属性包括如下选项。

①Fixed（固定）：将值设定为等于对象空间坐标系（在 X、Y 和 Z 中，0-1 用于容器）。

②Grid（栅格）：使用点栅格并进行插值以便在值之间进行定义。坐标值使用 Density（密度）解算器移动。这会使纹理随 Density（密度）的移动而移动，而不是在空间中保持固定。

③Coordinate Speed（坐标速度）：当 Coordinate Method（坐标方法）为 Grid（栅格）时，缩放通过"速度"（Velocity）移动坐标的快速程度。

7）Color Tex Gain（颜色纹理增益）：确定有多少纹理会影响 Color Input（颜色输入）值。如果颜色范围为红色到蓝色，纹理将导致红色到蓝色的变化。Color Tex Gain（颜色纹理增益）为零时，没有颜色纹理。

8）Incand Tex Gain（白炽度纹理增益）：确定有多少纹理会影响 Incandescence Input（白炽度输入）值。如果白炽度的范围是红色到蓝色，纹理将导致红色到蓝色的变化。Incand Tex Gain（白炽度纹理增益）为零时，没有白炽度纹理。

9）Opacity Tex Gain（不透明度纹理增益）：确定有多少纹理会影响"不透明度输入"（Opacity Input）值。例如，如果不透明度曲线介于 0.0 到 0.6，纹理将导致这些值之间的变化。Opacity Tex Gain（不透明度纹理增益）为零时，没有不透明纹理。

10）Threshold（阈值）：添加到整个分形的数值，使分形更均匀明亮。如果分形的某些部分超出了范围（大于 1.0），它们会被剪裁为 1.0。

11）Amplitude（振幅）：应用于纹理中所有值的比例因子，以纹理的平均值为中心。增加 Amplitude（振幅）时，亮的区域会更亮，而暗的区域会更暗。如果将 Amplitude（振幅）设定为大于 1.0 的值，会对超出范围的那部分纹理进行剪裁。

12）Ratio（比率）：控制分形噪波的频率。增加该值可增加分形中细节的精细度。

13）Frequency Ratio（频率比）：确定噪波频率的相对空间比例。

14）Depth Max（最大深度）：控制纹理所完成的计算量。因为 Fractal（分形）纹理过程可产生更详细的分形，所以需要花费更长的时间来执行。默认情况下，纹理会为正在渲染的体积选择适当的级别。使用 Depth Max（最大深度）可控制纹理的最大计算量。

15）Invert Texture（反转纹理）：启用 Invert Texture（反转纹理）来反转纹理的范围，以使密集区域变薄，薄区域变密集。如果它处于启用状态，则 texture =1-texture。

16）Inflection（反射）：启用反射以便在噪波函数中应用扭结。这对于创建蓬松或凹凸效果很有用。

17）Texture Time（纹理时间）：使用此属性可为纹理设置动画。可以为"纹理时间"（Texture Time）属性设置关键帧，以控制纹理变化的速率和变化量。在编辑单元格输入表达式"= time"，以便在动画中渲染纹理时使纹理翻滚。输入"= time×2"使其翻滚速度提高两倍。

18）Frequency（频率）：确定噪波的基础频率。随着该值的增加，噪波会变得更加详细。它与 Texture Scale（纹理比例）属性的效果相反。

19）Texture Scale（纹理比例）：确定噪波在局部 X、Y 和 Z 方向的比例。此效果类似于缩放纹理的变换节点。在任意方向上增加 Texture Scale（纹理比例）时，分形细节似乎都在该方向上涂抹。

20）Texture Origin（纹理原点）：噪波的零点。更改此值将使噪波穿透空间。

原点是相对于噪波 Frequency（频率）而言的。因此，如果噪波确实在 Y 轴上拉伸（更大的 Y 比例），则偏移在 Y 轴上将比在其他方向上移动得更多。这样做的好处是当按 1.0 的幅度偏移原点时噪波将循环。

21）Texture Rotate（纹理旋转）：设定流体内置纹理的 X、Y 和 Z 旋转值。流体的中心是旋转的枢轴点。此效果类似于在纹理放置节点上设定旋转。

22）Implode（内爆）：围绕由 Implode Center（内爆中心）定义的点以同心方式包裹噪波函数。当内爆值为零时，没有效果。值为 1.0 时，它是噪波函数的球形投影，从而创建一种星爆效果。可使用负值来向外而不是向内倾斜噪波。

23）Implode Center X、Y、Z（内爆中心）：定义中心点，将围绕该点定义内爆效果。

24）Billow Density（翻滚密度）：控制在 Billow（翻滚）纹理类型使用的介质中嵌入的单元数目。Billow Density（翻滚密度）为 1.0 时，介质完全填满单元。减小该值可使单元更稀疏。

25）Spottyness（斑点化度）：控制 Billow（翻滚）纹理类型使用的单个单元的密度的随机化。Spottyness（斑点化度）接近 0 时，所有单元都具有相同的密度。随着 Spottyness（斑点化度）的增加，某些单元将以随机方式变得比其他单元更为密集或稀薄。

26）Size Rand（大小随机化）：控制 Billow（翻滚）纹理类型使用的各个水滴的大小的随机化。Size Rand（大小随机化）接近 0 时，所有单元都具有相同的大小。随着 Size Rand（大小随机化）的增加，某些单元将以随机方式变得比其他单元小。

27）Randomness（随机度）：控制 Billow（翻滚）噪波类型的单元如何相对于彼此进行排列。将 Randomness（随机度）设定为 1.0，可获得单元更真实的随机分布，就像在自然界中那样。如果将 Randomness（随机度）设定为 0，将以一种完全有序的模式布置所有斑点。用作凹凸贴图时，可以提供有趣的效果。

2. 对纹理属性进行调节

介绍完纹理属性后，对纹理属性进行调节如下：勾选 Texture Opacity；设置 Textrer Type 属性选项为 Perlin Noise；Ratio 设置为 0.6；将 Frequency Ratio 设置为 2.5；将 Depth Max 设置为 4；勾选 Inflection；将 Frequency 设置为 1.5，如图 10-7 所示。

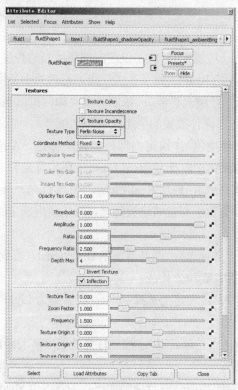

图 10-7

3. 设置照明属性

设置好流体的纹理属性后，为了实现丰富的光影效果，需要进一步设置 Lighting（照明）属性。首先介绍一下照明属性栏中包括的各种属性。

1）Self Shadow（阴影）：启用此选项可计算自阴影。将使用（-1，-1，-1）处的单个平行光计算自阴影。

2）Hardware Shadow（硬件阴影）：启用此选项，以便在模拟期间（硬件绘制）使流体实现自阴影效果（流体将阴影投射到自身）。必须启用 Shading（着色）→Hardware Texturing（硬件纹理）命令才能查看此效果。

3）Shadow Opacity（阴影不透明度）：使用此属性可使流体投射的阴影变亮或变暗。

4）Shadow Diffusion（阴影扩散）：控制流体内部阴影的柔和度，以模拟局部灯光散射。Shadow Diffusion（阴影扩散）只在场景视图中可见，在渲染流体中不可见。Shadow Diffusion（阴影扩散）还可用于减少流体自阴影的硬件显示中的带状瑕疵。

5）Light Type（灯光类型）：设定在场景视图中显示流体时，与流体一起使用的内部灯光类型。如果 Real Lights（真实灯光）处于禁用状态，选定的内部灯光也用于照亮要渲染的流体。使用内部灯光可缩短流体渲染时间。该属性选项包括：Diagonal（对角）、Directional（平行）、Point（点）。

6）Light Brightness（灯光亮度）：设定内部 Diagonal（对角）、Directional（方向）和 Point（点）灯光的亮度。

7）Light Color（灯光颜色）：设定内部 Diagonal（对角）、Directional（方向）和 Point（点）灯光的颜色。

8）Ambient Brightness（环境光亮度）：设定内部环境光的亮度。内部环境光会出现在场景视图和渲染的流体中，无论 Real Light（真实灯光）是否处于禁用状态。

9）Ambient Diffusion（环境光扩散）：控制环境光如何扩散到流体密度。使用 Ambient Diffusion（环境光扩散）可向流体效果的阴影区域添加细节。

10）Ambient Color（环境色）：设定内部环境光的颜色。Ambient Color（环境色）会出现在场景视图和渲染的流体中，无论 Real Light（真实灯光）是否处于禁用状态。

11）Real Lights（真实灯光）：启用 Real Lights（真实灯光）可使场景中的灯光进行渲染。禁用 Real Lights（真实灯光）可忽略场景灯光，而是使用选定的内部 Light Type（灯光类型）进行渲染。

12）Directional Light（平行光）：设定当选择 Directional（方向）作为 Light Type（灯光类型）时，内部平行光的 X、Y 和 Z 构成。

13）Point Light（点光源）：设定当选择 Point（点）作为 Light Type（灯光类型）时，内部点光源的 X、Y 和 Z 构成。

14）Point Light Decay（点光源衰退）：控制灯光的强度随着距离下降的速度。

4．对照明属性进行调节

介绍完照明属性后，对照明属性进行调节如下：勾选 Self Shadow 和 Hardware Shadow；设置 Shadow Opacity 属性为 1；Ambient Brightness 属性为 0.3；Ambient Diffusion 属性为 2；Ambient Color 颜色设置为天蓝色，如图 10-8 所示。

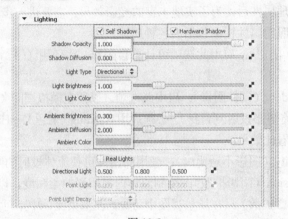

图 10-8

项目 10 制作天空中的云朵

5. 设置渲染属性

最后需要提高整个流体效果的渲染质量。展开 Shading Quality（材质质量）栏，设置 Quality（质量）属性为 3，如图 10-9 所示。

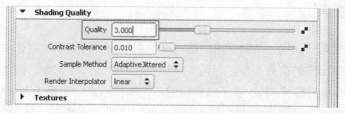

图 10-9

6. 完成制作

这样流体云彩的效果就制作完成了。先选择一个好的角度进行渲染观察效果，感到满意后就可以进行批渲染，然后用于后期合成，如图 10-10 所示。

图 10-10

项目小结

本项目中无须建立发射器或动力学解算，完全利用三维纹理属性和数值进行调节并实现视觉效果。流体纹理效果变化丰富，往往要经过长时间的调试来达到理想的结果。这种制作过程可以帮助初学者对流体静态纹理有一定的了解，要熟练掌握还需要长时间的练习。

实践演练

独立制作云层效果。

要求：

1）使用本项目所学内容，完全独立地完成云层效果。

2）不参考课程内容中的参数，云层效果要与本项目中的效果有所不同。

3）效果逼真、美观。

项目 11 制作惊涛骇浪效果

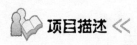

惊涛骇浪效果是《侠岚》动画中出现的一个使用 Maya 流体系统制作的效果。海洋效果在《侠岚》动画中出现的次数不多,但镜头效果壮观,令人印象深刻。因此,首先要了解海浪功能在 Maya 内部的归属。其次要了解单独的海洋制作出来后需要加入一些云雾来做衬垫,这样会使海洋效果更加逼真。惊涛骇浪的最终效果,如图 11-1 所示。

图 11-1

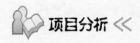

本项目制作过程中,第一步需要建立并预览 Maya 海洋,Maya 海洋的原始效果是很平静的,因此需要调节海洋波浪之间的高度及距离来实现海浪被风吹的效果。第二步通过海洋材质球属性的调节制作动态效果。首先调节海浪的高度及海浪的间距;其次调解海洋自带的风场,调节风场可以让波浪向同一方向运动或错乱运动;最后调节海洋的深度、波峰波谷的曲线。第三步是制作船在海洋中漂浮的效果,海水制作完成后,添加一个物体来当做船,给船和海平面添加漂浮属性,让船随着海浪运动。因此,本项目的制作分为以下 2 个任务来完成。

任 务	流 程 简 介
任务 1	建立海洋并调节材质球属性
任务 2	制作船在海洋中的漂浮效果

项目教学及实施建议 6 学时。

项目 11 制作惊涛骇浪效果

知识准备

1. Maya 海洋的建立方法

功能说明：在制作海洋时使用最基本的流体功能来创建海洋。

操作方法：进入流体面板中直接创建海洋。

常用参数解析：单击 Fluid Effects（流体）→Ocean（海洋）→Crate Ocean（创建海洋）→□（选项窗口）命令，打开 Crate Ocean 窗口，如图 11-2 所示。

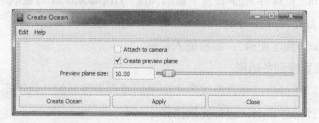

图 11-2

1）Attach to Camera（连接到摄像机）：将此选项打开以将海洋连接到计算机。连接海洋会基于摄像机对海洋进行自动缩放和转换，因此为视图的给定点保持了最适合的细节量。

2）Create preview plane（创建预览平面）：打开此选项以创建一个预览平面，在贴图显示模式下可以在此预览平面上显示海洋贴图面的位移。可以将其进行缩放和转换，以便预览海洋的不同部位。

> **注意：**
> 此平面只用于预览，而不用于渲染。

Preview plane size（预览平面大小）：设置用户要在 X 和 Z 中对预览平面进行的缩放值，默认值是 10。增大平面可以看到更多细节，缩小平面会加速播放速度。

2. 预览平面的使用

功能说明：可以不用渲染就能看到海浪的位移。

操作方法：选择海洋平面，创建预览平面。

常用参数解析：单击 Fluid Effects（流体效果）→Ocean（海洋）→Add Preview Plane（添加预览平面）命令，如图 11-3 所示。

图 11-3

按<Ctrl+A>组合键进入海洋的属性面板，选择oceanPreviewPlane1（预览平面）选项卡，如图11-4所示。

1）Resolution（分辨率）：用于定义与平面最大边相关的样本数目。增加此分辨率会在曲面上看到更多的细节。降低分辨率会加快播放速度。

2）Color（颜色）：用于定义预览平面表面的颜色。用户可以将颜色映射到曲面纹理或者Ocean材质上，此贴图总是使用来自连接节点的OutColor，而不管实际连接属性。

3）Displacement（位移）：用于设置平面的高度。Displacement将被映射到Ocean材质上。此贴图总是使用来自连接节点的outAlpha，而不管实际连接的属性。

4）Height Scale（高度缩放）：缩放输入位移。

3. 将波浪位移置换到多边形

功能说明：可以通过将位移置换成多边形来创建代表波高的几何图形。

操作方法：选择海洋平面，进行置换操作。

常用参数解析：Modify（修改）→Convert（转化）→Displacement to Polygons（置换到多边形）命令，如图11-5所示。

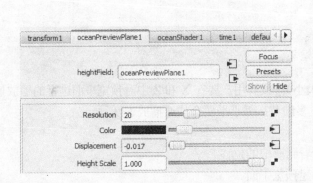

图11-4

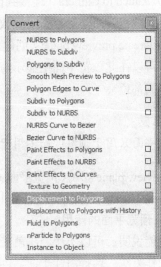

图11-5

注意：

Maya创建一个复合平面，平面的位移由几何图形来表示。

4. 海洋材质球各项属性的含义

功能说明：可以用于一系列的水波团的模拟。

操作方法：选择海洋平面，进入属性修改。

常用参数解析：单击Fluid Effects（流体）→Ocean（海洋）→Create Ocean（创建海洋）命令，然后按<Ctrl+A>组合键，打开Attribute Editor对话框，选择OceanShader1选项卡，如图11-6所示。

项目 11　制作惊涛骇浪效果

图 11-6

其中 Ocean Attributes 栏各属性，如图 11-7 所示。

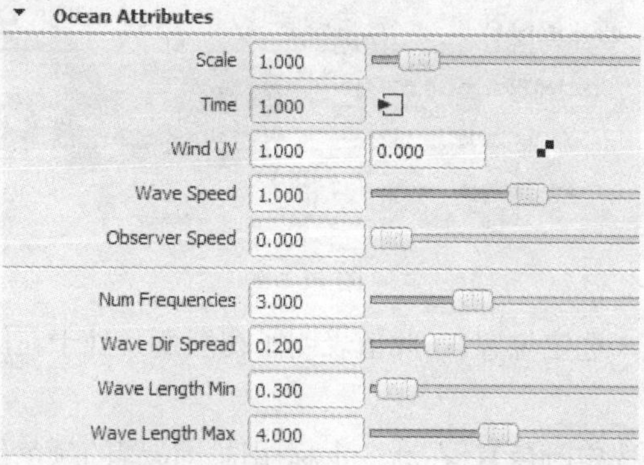

图 11-7

1）Scale（比例）：控制与 Wind UV（默认纹理放置设置）中从 0~1 的纹理空间相对应的大小，单位是米。

2）Time（时间）：此属性可用作对海洋纹理的动画处理。也可将 Time 属性进行关键帧处理，以控制场景中海洋纹理的变化速率和数量。此值将以秒为单位来描绘一个具有给定缩放值的水域表面。在 Time 输入框中输入表达式 "=time" 以创建与缩放相关的、近似的正确动画。

3）Wind UV（风 UV）：模拟风的效果，控制波浪行进的（平均）方向。这将在 UV 纹理空间中以 U 和 V 值来表达。

注意：

对 Wind UV 进行动画处理会导致不自然的运动，所以用户应该避免这种情况发生。

4）Wave Speed（波速率）：定义波浪的速度，可用于决定波浪运动的输入时间的缩放。

5）Observer Speed（观察者速率）：通过模拟观察者来取消横波运动。这与风向相关的纹理 UV offset 动画处理相似。当 Observer Speed 为 1 时，主波看起来好像没有传播，因为观察者的移动速度与波速相同。辅波的移动仍然与主波相关。

6）Num Frequencies（频率数）：控制 Wave Length Min 和 Wave Length Max 之间的内插值频率的数值。

注意：

频率值越高，纹理所需的计算时间越长，如果此值不是整数，那么创建频率的值就是此值经过四舍五入之后的结果，但附加频率的振幅会与余数成比例。

7）Wave Dir Spread（波浪方向扩散）：定义与风向有关的波浪方向的变化。如果值为 0，则所有的水波都会朝一个方向传播。如果值为 1，则水波会在随机方向内传播。波浪方向的不一致和一些其他的效果，如与波浪折射结合在一起，会使波浪的方向发生自然变化。

8）Wave Length Max（最小波长）：控制最小的波长，以米为单位。

9）Wave Length Max（最大波长）：控制最大的波长，以米为单位。

Wave Height 栏各属性，如图 11-8 所示。

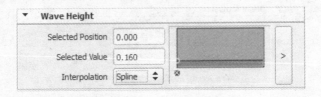

图 11-8

1）Selected Position（选定位置）：此值表明了在渐变（处于左侧的 0 与右侧的 1 之间）上选定标记的位置。

2）Selected Value（选定颜色）：在渐变上标明选定位置的颜色值。要改变此值，上下拖拽标记点或者在此框中输入值。

3）Interpolation（插值）：控制值在渐变上不同位置之间的混合。Interpolation 有 4 种选项，各种选项的效果如图 11-9 所示。4 种选项的具体含义如下。

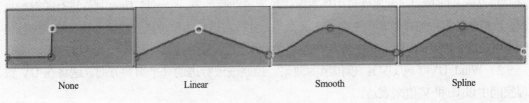

图 11-9

①None（无）：之间没有差值。

②Linear（线性）：使用线性曲线进行插值。

项目 11 制作惊涛骇浪效果

③Smooth（平滑）：沿着一根钟形曲线进行插值，以便图表上的每个值都可以支配其周围区域，然后与下一值迅速混合。

④Spline（样条线）：使用样条曲线进行插值。将相邻位置标记处的值列入考虑，以使转换更加平滑。

Wave Turbulence（波湍流）栏各属性，如图 11-10 所示。

其中右边的长方形区域的左边表示最小波长的波，最右边界处表示最大波长的波（分别由 Wave Length Min 和 Wave Length Max 所决定），如图 11-11 所示。

值为 1 时，波的运动将会成为定义频率下完整的湍流运动。

对各个波浪频率而言，湍流波元素由该频率下的多个正弦波组成。这是最耗计算的属性。要明显加速渲染可将其设置为 0，而忽略其对于风暴模拟运动或者风吹动水的模拟运动的重要性。

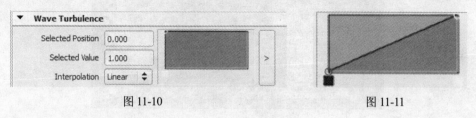

图 11-10　　　　　　　　　　图 11-11

Wave Peaking（波峰）栏各属性，如图 11-12 所示。

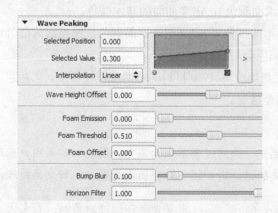

图 11-12

在波浪穿越波峰时控制顶峰形成的数量。Wave Peaking 可以对波浪的左右晃动进行模拟，此运动正好与上下运动相对。要使此属性有效，Wave Turbulence 必须为非零，它只应用于湍流波。当此属性不为零时，则需要对噪波功能进行更多的估算，因而会影响计算速度。

1）Wave Height Offset（波高偏移）：海洋总体位移的偏移量。当进行纹理处理时，这对于添加自定义的波浪和船尾迹很有用。

2）Foam Emission（泡沫发射）：控制 Foam Threshold（泡沫阈值）以上所产生的泡沫密度。

3）Foam Threshold（泡沫阈值）：控制产生泡沫所需的 Wave Amplitude（波幅）以及泡

沫的持续时间。

4）Foam Offset（泡沫偏移）：在各个地方添加统一的泡沫。当需要添加自定义泡沫纹理时，该项就会很有用。

5）Bump Blur（凹凸模糊）：可定义用于计算贴图的凹凸常态样本分离值（与最小波长相关），值越大，产生的波越小，而波峰越平滑。

Common Material Attributes（公用材质属性）栏各属性，如图 11-13 所示。

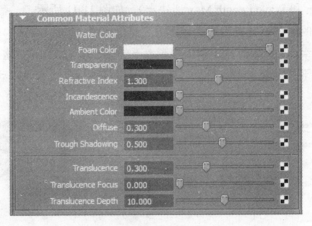

图 11-13

1）Water Color（水面颜色）：定义曲面的基本颜色。

2）Foam Color（泡沫颜色）：定义泡沫层的颜色。模拟泡沫部分可能被认为处于淹没状态，在这种情况下，颜色会与材料颜色混合。

3）Transparency（透明度）：控制材料的透明或模糊程度。黑色意味着完全不透明（默认设置），白色意味着完全透明。

注意：

如果材质有镜面高光，透明设置不影响高光。因此，如果用户想通过对透明度属性进行动画处理来让对象消失的话，则必须也对镜面高光属性进行动画处理。

4）Refractive Index（折射率）：定义光束在通过对象时，有多大一部分将与对象混合。此属性只在材料部分或者完全透明时、折射率打开时进行渲染才有用。

注意：

比较有用的 Refractive Index 值有：

空气：1.0　　水：1.33　　汽油：1.45　　水晶：2　　玻璃：1.5　　冰：1.309
石英：1.6　　红宝石：1.77　　蓝宝石：1.77

5）Incandescence（白炽度）：使对象看起来呈乳白色，就如对象自己发光一样，比如熔岩或者磷光苔藓。

6）Ambient Color（环境色）：默认的 Ambient Color 是黑色，即它不影响材料的整体颜色。

随着环境变亮,并通过照亮材料及混合两种颜色,就能够对材料的颜色产生影响。

7) Diffuse(漫反射):控制场景中有多少从对象散射,大部分材料会吸收部分落在其上的光,并将剩余的光散射。

8) Trough Shadowing(波谷阴影):使波谷中的散射颜色变暗。这可以对某些波峰较为明亮的、散射光的环境进行模拟。波浪颜色处于蓝绿范围之间时,此属性的工作效果会更好。

9) Translucence(半透明):用于对光散射性地穿过半透明对象方式的模拟。这意味着当光照耀对象的一边时,其另一边会处于部分照明状态。

10) Translucence Focus(半透明聚焦):对光通过半透明对象在前方散射的更多方式进行模拟。

注意:

当 Translucence Focus 值为 0 时,半透明光在各个方向上散射。随着焦点值增加,半透明光会在光方向上散射得更多些。

11) Translucence Depth(半透明深度):定义渗透到对象里面的深度,在这一深度里半透明会衰减到零。当 Translucence Depth 值为零时,半透明不是按照光在对象中传播的距离进行衰减的。

Specular Shading(镜面反射着色)栏各属性,如图 11-14 所示。

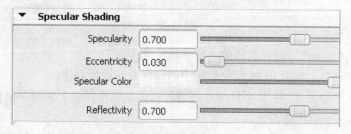

图 11-14

1) Specularity(镜面反射率):控制镜面高光的亮度,它是镜面颜色的增效器。

2) Eccentricity(偏心率):控制镜面高光的大小。

3) Specular color(镜面反射颜色):定义材料上镜面高光的颜色。镜面反射的最终颜色是 Specular Color 和灯光颜色的结合。可以将 Specular Color 调亮或者调暗来控制对象上镜面反射的亮度。

注意:

要使材料看起来更像塑料,可以使用白色的镜面颜色。要使材料看起来更像金属,可以保证镜面颜色与曲面颜色相似。

4) Reflectivity(反射率):用 Reflectivity 以使对象像镜子一样反射光。如果不希望材料有反射,则将 Reflectivity 值设为零,增加其值可以得到更加明亮的反射。

注意：

如果正在进行 Ray Tracing（光线跟踪），要想在反射中看见场景中的其他对象，那么这些对象的 Visible In Reflections 属性必须处于启用状态。

Environment（环境）栏各属性，如图 11-15 所示。

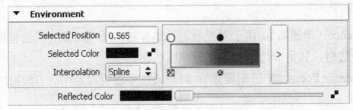

图 11-15

1）Selected position（选定位置）：此值指示了渐变上选定的颜色。

2）Selected Color（选定颜色）：在渐变上指示选定位置的颜色。

3）Interpolation（差值）：控制颜色在渐变上不同位置之间的混合模式，Interpolation 有 4 种选项，其效果如图 11-16 所示。

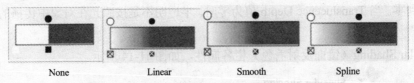

图 11-16

①None（无）：颜色之间没有插值，每种颜色都不同。

②Linear（线性）：使用 RGB 颜色空间中的线性曲线进行差值。

③Smooth（平滑）：沿着 1 根钟形曲线进行插值，以便图表上的每个值都可以支配其周围区域，然后与下一值迅速混合。

④Spline（样条线）：使用样条曲线进行插值。将相邻位置标记处的值列入考虑，以使转换更加平滑。

4）Reflected（反射率）：设定反射的数值。

注意：

增加 Reflected 值可以得到更加明亮的反射。

常用 Reflected 值：汽车油漆：0.4　　玻璃：0.7　　镜子：1

Environment（环境）栏各属性，如图 11-17 所示。

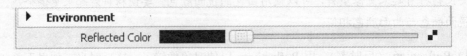

图 11-17

项目 11　制作惊涛骇浪效果

Reflected color（反射颜色）：设定海洋反射颜色。
Glow（辉光）栏各属性，如图 11-18 所示。

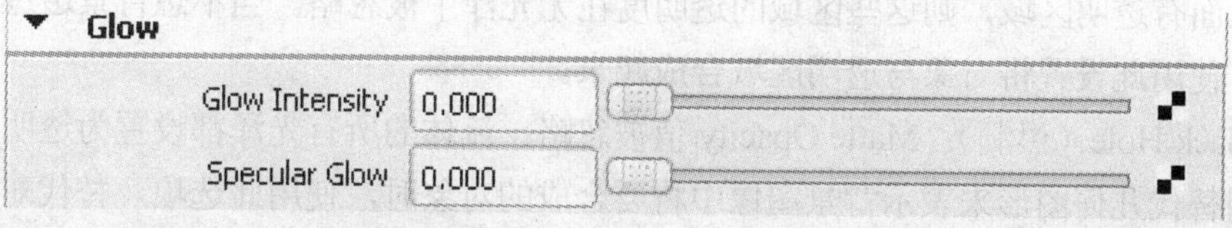

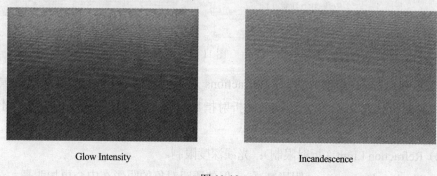

图 11-18

1）Glow Intensity（辉光强度）：控制辉光的强度。Glow Intensity 的默认值是 0，意味着没有为材料添加辉光。随着数值的加大，辉光效果的外观尺寸也会加大。

2）Specular Glow（镜面反射辉光）：与 Glow Intensity 的工作方式相同，只是使镜面高光发出辉光。在制造水中闪烁的高光等效果时有用。

注意：
Glow Intensity 与 Incandescence 属性有两个重要差异，如图 11-19 所示。
Glow Intensity 是在渲染结束之后添加的过程，Incandescence 只是使曲面更亮些。Glow Intensity 添加了光晕，而 Incandescence 没有。

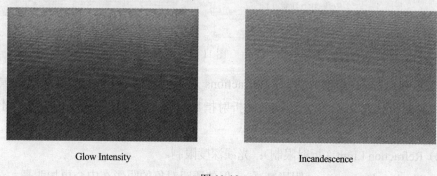

Glow Intensity　　　　　　　　　　　　Incandescence

图 11-19

Matte Opacity（蒙版不透明度）栏各属性，如图 11-20 所示。

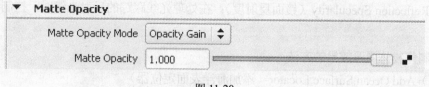

图 11-20

1）Matte Opacity Mode（蒙版不透明度模式）的选项有 3 种。
①Opacity Gain（不透明度增益）：Matte 值基于对象的透明度，由 Opacity Gain 与 Matte Opacity 相乘而得。这样，在对象后来合成时，用户就可以使用 Opacity Gain 属性对 Matte Opacity 属性进行动画处理，以改变对象的总体透明度。

145

②Solid Matte（匀值蒙版）：流体的整体无光泽值设置为 Matte Opacity 属性的值。此选项与 Opacity Gain 值相似，除了忽略通常计算的无光泽值而使用 Matte Opacity 设置之外。如果在对象上面有透明区域，则这些区域的透明度在无光泽中被忽略。当不想背景透过透明区域显示时，使用此设置将对象与透明区域合成起来。

③Black Hole（黑洞）：Matte Opacity 值被忽略，流体的所有光泽都设置为透明。当在场景中使用替代几何图形来表示背景图像中将要合成的对象时，使用此选项。替代对象会在无光泽上打一个洞。这使得其他计算生成的几何图形可以透过替代对象。然后，当前景与背景合成时，结果就会正确，即背景对象透过"黑洞"区域显示出来。

2）Matte Opacity（蒙版不透明度）：Matte Opacity 与 Matte Opacity Mode 一起使用可以影响流体无光泽的计算方式。

Raytrace Options（光线跟踪选项）栏各属性，如图 11-21 所示。

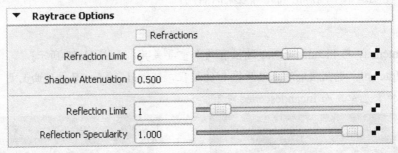

图 11-21

1）Refractions（折射）：打开 Refractions 选项以便使用 Ray Tracing 进行渲染时材料能够折射光。只有 Refractions Index（折射指数）设置为一个不同于 1 的值时才会看到区别。

2）Refraction Limit（折射限制）：光线深度限制。

3）Shadow Attenuation（阴影衰减）：促使透明对象的阴影在中心更加明亮，对光的聚焦进行模拟，值为零会得到常量阴影，值为 1 使得阴影集中在中心。

4）Reflection Limit（反射限制）：反射光深度限制。

5）Reflection Specularity（镜面反射度）：在处理光线跟踪的反射光线时，控制镜面组件的作用。

5. 制作物体漂浮效果的方法

（1）Add Ocean Surface Locator（添加海洋表面定位器）

功能说明：可以使用连接到波浪位移上的定位器，让对象在海洋上漂浮，并对波浪的运动做出适当的响应。

操作方法：选择海洋平面，直接单击执行。

常用参数解析：单击 Fluid Effects（流体）→Ocean（海洋）→Add Ocean Surface Locator（添加海洋表面定位器）命令，如图 11-22 所示。

项目 11 制作惊涛骇浪效果

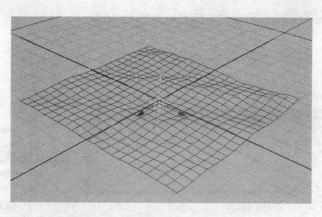

图 11-22

（2）Add Dynamic Locator（添加动态定位器）

功能说明：动力学定位器在 Y 方向上随着海洋运动。

操作方法：选择海洋平面，直接单击执行。

常用参数解析：单击 Fluid Effects（流体）→Ocean（海洋）→Add Dynamic Locator（添加动态定位器）命令，如图 11-23 所示。

注意：

动力学定位器会在 Y 方向上跟随海洋运动，但它也会对动态属性中（在 Attribute Editor 的 Extra Attributes 部分中）做出适当反应。

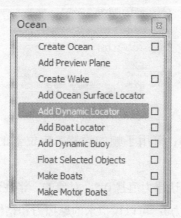

图 11-23

注意：

如果想交互移动定位器的位置，则定位器不能直接与表达式相连。在这种情况下，单击选中 Free Transform 复选框，如图 11-24 所示。

单击 OutLine 面板，选择漂浮物 locator1，如图 11-25 所示。

按<Ctrl+A>组合键进入 locator1 的属性面板，选择 locatorShape1 选项卡下的 Extra

Attributes 栏，Extra Attributes 栏中的各属性，如图 11-26 所示。

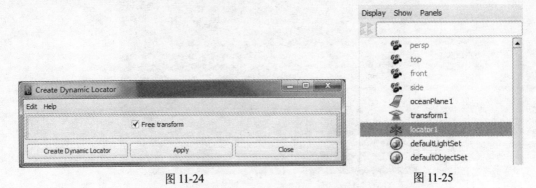

图 11-24　　　　　　　　　　　　　　图 11-25

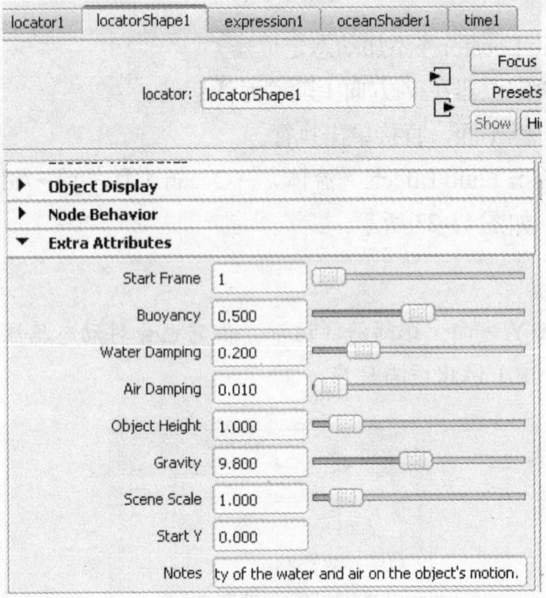

图 11-26

1) Start Frame（起始帧）：可用于帧的设置，定位器的行动行为将从所设置的帧开始。

2) Buoyancy（浮力）：默认浮力值是 0.5，对象的一半在水里，另一半在水外。

3) Water Damping（水阻力）：可以模拟水的摩擦力和粘性对对象运动的影响。

4) Air Damping（空气阻尼）：可模拟空气的摩擦力和粘性对对象的影响。

5) Object Height（对象高度）：此值可设置中点在定位器上的漂浮对象的高度。如果浮力接近 1，则对象的底部将位于水的顶部；如果浮力接近 0，则对象的顶部刚刚与水面齐平；如果浮力小于 0，则对象会沉下去。

6) Gravity（重力）：设置作用于漂浮对象上的重力。

7) Scene Scale（场景缩放）：对于与水相关的自然运动来说，设置此选项能保证其与海

项目 11 制作惊涛骇浪效果

洋材质的 Scale 匹配，同时，请保持 Gravity 的默认设置为 9.8。

8) Start Y（起始 Y）：为 Start Frame 处的定位器设置 Y 转换值。

9) Notes（注释）：包含描述定位性的注释。

（3）Add boat locator（添加船定位器）

功能说明：船定位器在 Y 方向随着海洋的运动而运动，但在 X 和 Z 方向进行另外的旋转，以使船可以在波浪中起伏翻转。

操作方法：选择海洋平面，直接单击执行。

常用参数解析：单击 Fluid Effects（流体）→Ocean（海洋）→Add Boat Locator（添加船定位器）命令，如图 11-27 所示。

按<Ctrl+A>组合键进入 Locator 属性面板，进入 LocatorShape1 选项卡内的 Extra Attributes 栏，如图 11-28 所示。

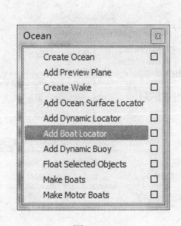

图 11-27

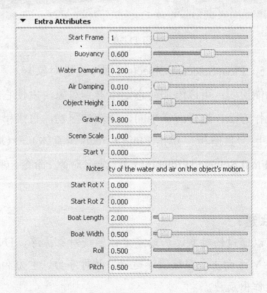

图 11-28

1) Start Rot X：在 Start Frame 处设置定位器的 X 旋转值。

2) Start Rot Z：在 Start Frame 处设置定位器的 Z 旋转值。

3) Boat Length（船长）：用世界坐标系定义船的长度。要想船的运动自然，应保证该值与船的几何图形的长度相同。

4) Boat Width（船宽）：用世界坐标系定义船的宽度。要想船的运动自然，应保证该值与船的几何图形的宽度相同。

5) Roll（摇摆）：设置船从一边到另一边的摇摆运动。

6) Pitch（颠簸）：设置船的颠簸运动，以保证船首的升降与船尾相关。

（4）Add dynamic buoy（添加动力学浮标）见图 11-29

功能说明：可以将 NURBS 球体（浮标）添加到海洋中并使其在水中沉浮。该运动仅限在 Y 轴方向。

操作方法：选择海洋平面，直接单击执行。

常用参数解析：单击 Fluid Effects（流体）→Ocean（海洋）→Add Dynamic Buoy（添加动力学浮标）命令，如图 11-30 所示。

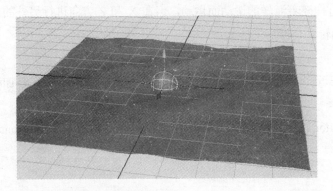

图 11-29　　　　　　　　　　　　　　图 11-30

（5）Float Selected Objects（漂浮选定对象）

功能说明：可以添加动态定位器到对象，以使它漂浮。

操作方法：选择海洋平面，加选漂浮物，直接单击执行。

常用参数解析：单击 Fluid Effects（流体）→Ocean（海洋）→Float Selected Objects（漂浮选定对象）命令，如图 11-31 所示。

图 11-31

注意：

可以通过给对象添加动态定位器使对象漂浮，Dynamic 定位器在 Y 方向上会跟随海洋运动，并对浮力、重力和阻力等动态属性作出反应。

（6）Make Boats（生成船）

功能说明：通过向对象添加船定位器，可以使对象像船一样漂浮着。

操作方法：选择海洋平面，加选船，直接单击执行。

常用参数解析：单击 Fluid Effects（流体）→Ocean（海洋）→Make Boats（生成船）命令，如图 11-32 所示。

（7）Make Moter Boats（生成摩托艇）

功能说明：通过向对象添加摩托艇定位器，可以使对象像摩托艇一样漂浮着。

操作方法：选择海洋平面，加选摩托艇，直接单击执行。

常用参数解析：单击 Fluid Effects（流体）→Ocean（海洋）→Make Moter Boats（生成摩托艇）命令，如图 11-33 所示。

项目 11 制作惊涛骇浪效果

图 11-32

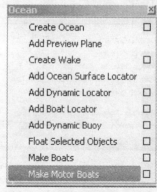
图 11-33

按<Ctrl+A>组合键进入 Locator 属性面板,选择 LocatorShape1 选项卡内的 Extra Attributes 栏,如图 11-34 所示。

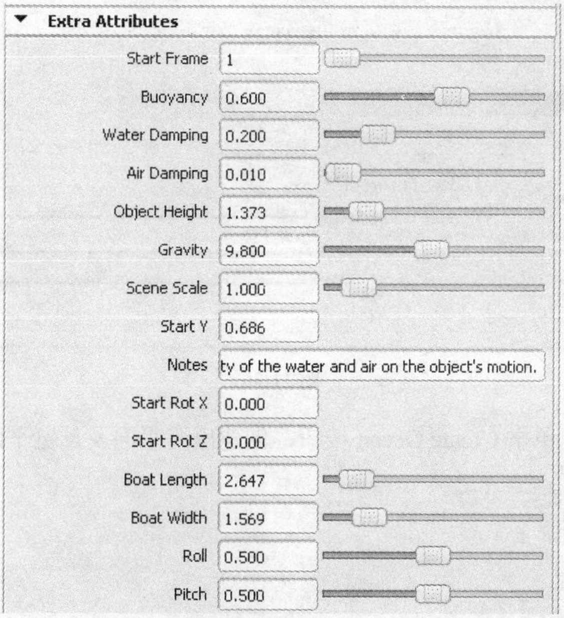

图 11-34

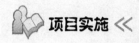

任务 1　建立海洋并调节材质球属性

1)打开 Maya 软件,在 Dynamics 菜单中,单击 Fluid Effects →Ocean(海洋)→Create Ocean (创建海洋)→□(选项窗口)命令,如图 11-35 所示。

2)打开 Create Ocean 窗口。单击选中 Create preview plane 复选框;将 Preview plane size 设置为 10.00,如图 11-36 所示。

151

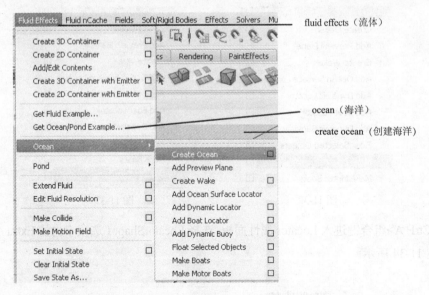

图 11-35

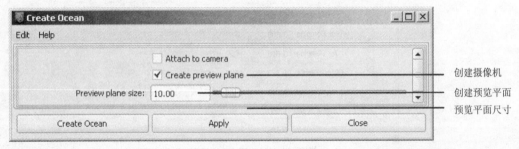

图 11-36

3）设置完成后，单击 Create Ocean 按钮，创建出海平面及预览平面，如图 11-37 所示。

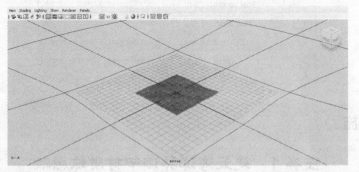

图 11-37

4）选择预览平面，按<Ctrl+A>组合键打开它的属性窗口。首先选择 Ocean Preview Plane1 选项卡，并设置海洋的分辨率 Resolution 为 50，如图 11-38 所示。

5）依然选择预览平面，按<Ctrl+A>组合键打开属性编辑窗口，并切换到 oceanShader1 选项卡，如图 11-39 所示。

项目 11 制作惊涛骇浪效果

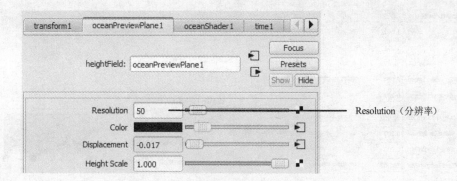

图 11-38

图 11-39

6）建立特殊的海洋效果需要使用 Ocean Attributes 栏中特定属性。首先展开 Ocean Attributes 显示它的参数。将 Wind UV 设置为-0.7；将 Wave Speed 设置为 2；将 Num Frequencies 设置为 20；将 Wave Dir Spread 设置为 0.2；将 Wave Length Min 设置为 0.2；将 Wave Length Max 设置为 100.00，如图 11-40 所示。

7）在 Color Coded（颜色编码）选项卡内找到 Wave Height 栏。设定 Interpolation 选项为 Smooth，然后根据需要调整曲线的形状，如图 11-41 所示。

153

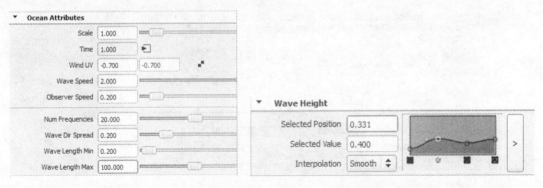

图 11-40　　　　　　　　　　　图 11-41

8）在 Wave Turbulence 栏内，设定 Interpolation 选项为 Smooth，然后调节曲线成波浪形态，如图 11-42 所示。

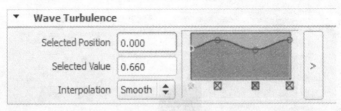

图 11-42

9）在 Wave Peaking 栏内，设定 Interpolation 选项为 Smooth，可通过设定参数来得到需要的海洋随机效果，可添加一些点得到起伏的海浪。Wave Peaking 通常和 Wave Height 一起搭配设置能得到很好的效果。再执行一次，改变 Interpolation 选项为 Linear，可顺着图加一些点来得到起伏的海浪，如图 11-43 所示。

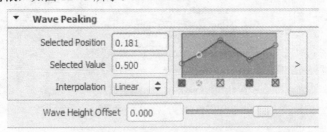

图 11-43

10）最后添加 foam（泡沫）。在 Wave Peaking 栏下找到 Foam Offset 属性，设定参数 Foam Emission 为 0.140；Foam Threshold 为 0.675；Foam Offset 为 0，如图 11-44 所示。

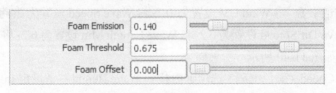

图 11-44

任务2 制作船在海洋中的漂浮效果

1）绑定摄像机来捕捉水面。首先，建立一个圆球体或任何形状的几何体，并合理地增加它的高度，如图11-45所示。

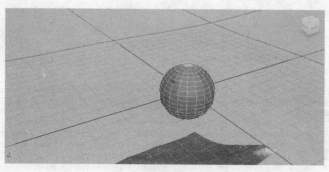

图11-45

2）建立摄像机。单击Create→Cameras→Camera命令创建摄像机，然后把它放在物体上方。可用左侧菜单上的Move Tool来移动摄像机，如图11-46所示。

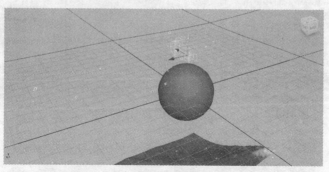

图11-46

3）选中摄像机，按<Shift>键并左击圆柱来同时选中两个物体。然后单击Edit→Parent命令，让圆球随摄像机一起移动，如图11-47所示。

4）将摄像机和海面连接在一起。选中摄像机，并单击Fluid Effect→Ocean→Make Motor Boats命令，使摄像机连接到海洋的表面，让它随海洋表面移动，如图11-48所示。

5）播放动画，使Camera1随海洋一起移动。为了从摄像机角度来渲染，单击Window→Rendering Editors→Render View命令，打开Render View窗口，如图11-49所示。然后单击Render→Render→Camera1命令，使其从Camera1的角度渲染。

6）给平静的海洋添加雾效，让整个场景充满Physical Smoke（自然烟），不同的是风暴时的海洋只需要添加一小部分的雾效。单击Window→Rendering Editors→Render Settings命令，打开Render Setting窗口，如图11-50所示。

7）在Render Settings窗口，在Render Using属性栏中选择Maya Software（Maya软件级渲染）选项，然后选择Maya Software选项卡。展开Render Option栏，单击Emvironment fog文

本框后的"□"图标,它会自动添加环境雾并打开属性编辑器,可调整雾的参数,如图 11-51 所示。

图 11-47

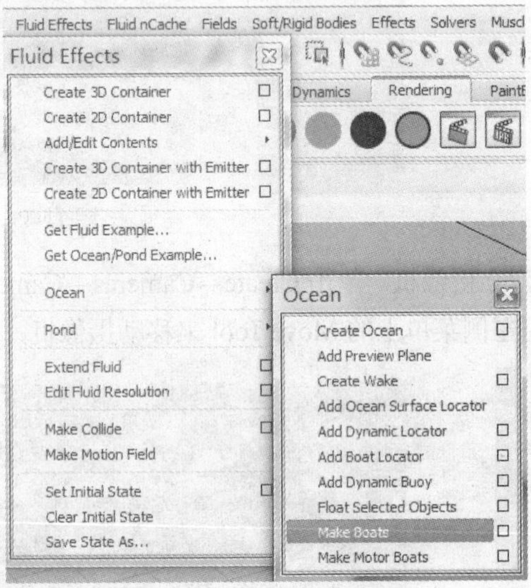

图 11-48

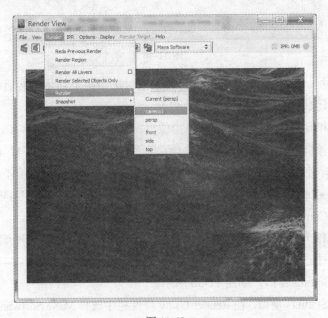

图 11-49

项目 11　制作惊涛骇浪效果

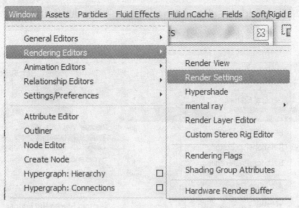

图 11-50

图 11-51

8）渲染并观察添加雾后的效果，如图 11-52 所示。

图 11-52

9）输出动画。单击 Window→Rendering Editors→Render Settings 命令，打开渲染菜单，如图 11-53 所示。

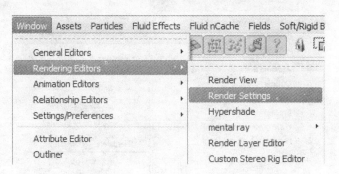

图 11-53

10）修改渲染菜单。改变 File name prefix（动画命名）为 haiyang；设置 Image format 成 AVI（avi）；然后根据渲染的动画长度修改 Start Frame 和 End Frame。在 Renderable Camera 下拉菜单中选择需要用来渲染的摄像机，如图 11-54 所示。

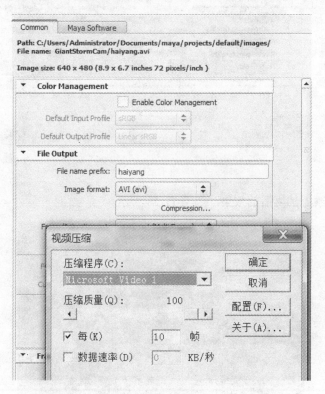

图 11-54

11）选择好摄像机后，等待作品一帧一帧地渲染完成。海洋效果的软件渲染的最终效果，如图 11-55 所示。

项目 11　制作惊涛骇浪效果

图 11-55

项目小结

惊涛骇浪的制作思路为先做动态效果，后做材质。其重要环节是调节海洋的材质球，通过材质球的调节来实现海洋的动态、颜色、泡沫等细节。制作过程中可以根据具体摄像镜头来添加细节。

实践演练

制作一个海洋场景，场景中有个皮划艇在随着波浪飘动，如图 11-56 所示。

图 11-56

要求：

1）熟练运用所学命令，先创建基本海洋平面，再通过材质球属性，添加各个部分的结构与细节。

2）作品要结构完整。需用雾气掩盖海洋，镜头需有穿梭雾气效果，皮艇飘动效果要真实。

3）作品完成时，保证效果不发灰。

项目 12 制作人物衣服

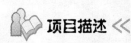 **项目描述**

在动画《侠岚》中每个人物都有独特的服装，这些服装的制作都使用了 Maya 布料系统。本项目从布料物体的建立入手，进行布料与物体运动碰撞的效果制作。再根据每个人物所穿布料的不同材质，调节布料的软硬程度。本项目以《侠岚》中的角色辰月的衣服的制作步骤为任务案例进行讲解，辰月衣服的最终效果，如图 12-1 所示。

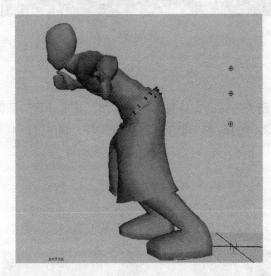

图 12-1

 项目分析

本项目制作主要需要以下技术支持：

1）衣服模型的建立。选择所需要制作成布料的物体，进行合理的细分，衣服在建立模型时，大小比例略大于身体。

2）建立布料物体和被动碰撞物体。选择布料物体并加选碰撞物体，执行布料碰撞命令，执行前检查碰撞物与被碰撞物是否穿插。

3）布料物体和碰撞体的属性初步设置。碰撞属性赋予后，调节碰撞的精度、抗拉伸、抗延展、抗弯曲等属性，使布料动态真实。

4）使用布料约束调整衣服动态效果。选择布料领子周边的点，加选模型进行约束，目的是在运动过程中衣服不受重力影响脱落。

5）使用布料属性绘制工具绘制布料物体的属性。选择布料，进行布料绘制，对衣服的下半部分进行质量的绘制，实现上重下轻的效果。

项目 12　制作人物衣服

6）设置布料的初始状态和缓存。设置布料的初始状态，让布料的第一帧就具有布料下坠的效果，调节完成后，创建布料缓存，目的是让布料运动起来更加流畅。

因此，本项目的制作分为以下 2 个任务来完成。

任　务	流　程　简　介
任务 1	建立衣服模型
任务 2	设置布料模型属性

项目教学及实施建议 10 学时。

　知识准备

1. nCloth（布料物体）的建立方法

功能说明：为项目中添加布料属性模拟衣物。

操作方法：选择所要添加为布料的物体，单击执行。

常用参数解析：在 nDynamics 菜单集中，单击 nMesh→Creat nCloth（创建布料）→□（选项窗口）命令，打开 Create nCloth Options 窗口，如图 12-2 所示。

图 12-2

注意：

nCloth 系统只支持多边形网格（Polygon），对 NURBS 和细分物体无效，因此布料的解算效果与多边形的面数有关。

Local Space Output（局部空间坐标输出）：以 Local 为坐标输出。

World Space Output（局部世界空间坐标输出）：以 World 为坐标输出。

Solver（解算器）：Maya 布料由解算器为后台控制布料的运算。该属性包括 2 个选项。

①Create New Solver（创建新解算器）：建立新的布料解算器。

②Nucleus1.2.3.4.5…（布料 1.2.3.4.5…）：在创建完成一个布料后，会出现 Nucleus1，当再创建一个新解算器 Nucleus1，Maya 默认会识别解算器为 Nucleus2。

2. nCloth（布料系统）的移除

功能说明：移除项目中的布料解算器。

操作方法：选择碰撞物体和布料物体，单击执行。

常用参数解析：在 nDynamics 菜单集中，单击 nMesh→Remove nCloth（创建布料），如图 12-3 所示。

> **注意：**
> 如果删除历史，布料效果将丢失，但布料的相关节点仍与物体相连，会造成混乱。

3. 被动碰撞体的建立方法

功能说明：使布料与物体做碰撞。

操作方法：选择碰撞物体和布料物体，单击执行。

常用参数解析：在 nDynamics 菜单集中，单击 nMesh→Create Passive Collider（创建碰撞），图 12-4 所示。

图 12-3   图 12-4

> **注意：**
> 给布料创建被动物体，此功能必须是先选择物体的情况下才能创建出碰撞物体，可以选择多个物体同时创建。

4. 布料物体和被动碰撞体的基本属性

功能说明：修改其柔软度和碰撞细节。

操作方法：选择碰撞物体和布料物体，单击执行，进入布料属性面板，修改其属性。

常用参数解析：在 nDynamics 菜单集中，单击 nMesh→Create Passive Collider（创建被动碰撞对象）命令，然后按<Ctrl+A>组合键打开属性编辑器，选择 nucleus1 选项卡，如图 12-5 所示。Nucleus 所描述的是一个动力学环境，选项卡内的各项属性如下。

Enable（启用）：勾选项控制场景中隶属于此 Nucleus 节点下的 nCloth 节点的启用和禁用。就是说，在同一个场景中，可以使用多个 Nucleus 节点，每一个 nucleus 解算器下，建立多个 nCloth 节点。

Gravity And Wind（重力和风）栏各属性，如图 12-6 所示。

项目 12 制作人物衣服

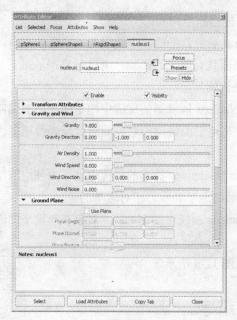

图 12-5   图 12-6

①Gravity（重力）：默认是 9.8，单位是 m/s，这个属性和模型大小有关系，以后的课程中会讲到。

②Gravity Direction（重力方向）：指定重力使用的轴，默认是世界坐标-y 方向。

③Air Density（空气密度）：控制空气的密度，同 nCloth 节点的两个属性 Drag 和 Lift 有关。可以这样理解，布在水中（Low Air Density）和布在空气中（High Air Density）如果这个数值低到 0，那么布就不受风力影响了。

④Wind Speed（风速）：指定应用该 Maya Nucleus 解算器的风速。

⑤Wind Direction（风向）：指定风移动的方向。

⑥Wind Noise（风噪波）：在风向确定后，风噪波能指定当前 Nucleus 系统的动态风的随机化级别，目的是让布料系统产生不规则的运动。

Ground Plane（地平面）栏各属性，如图 12-7 所示。

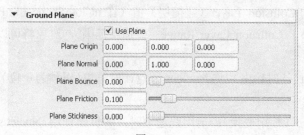

图 12-7

①Use Plane（使用平面）：启用该选项时，表示在该 Maya Nucleus 解算器的碰撞中使用地平面。地平面作为碰撞对象，而不是作为场景中的几何体。

②Plane Origin（平面原点）：为在该 Nucleus 解算器的碰撞中使用的地平面的原点指定 X、

163

Y 和 Z 轴坐标。默认值为 0，0，0，使平面原点与栅格原点相同。

③Plane Normal（平面法线）：指定在该 Nucleus 解算器的碰撞中使用的地平面的方向。法线定义垂直于平面的曲面的虚线。法线相对于平面具有向上的影响，所以对象在平面下方（负法线侧）时，它们将被置于平面的上方（正法线侧）。

④Plane Bounce（平面反弹）：指定在该 Maya Nucleus 解算器的碰撞中地平面使用的偏向力的大小。"平面反弹"（Plane Bounce）值越大，与地平面碰撞的对象偏向或反弹得越多。典型值在 0~1 之间。

⑤Plane Friction（平面摩擦力）：指定在该 Maya Nucleus 解算器的碰撞中地平面使用的摩擦力的大小。"平面摩擦力"确定在与其他对象接触时地平面阻碍相对运动的量。

⑥Plane Stickiness（平面粘滞）：确定当前 Nucleus 系统中的 Nucleus 对象在与地平面碰撞时粘附地平面的程度。

Solver Attributes（解算器属性）栏各属性，如图 12-8 所示。

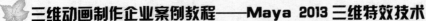

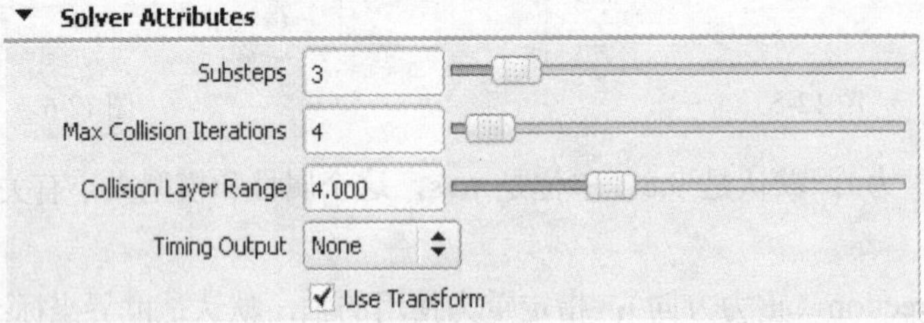

图 12-8

①Substeps（子步）：指定该 Maya Nucleus 解算器每帧计算的次数。子步对于快速碰撞的快速移动对象非常有用（如果每帧仅计算一次，这可能会丢失）。大量的子步可能导致较慢的解算。默认值为 3。

②Max Collision Iterations（最大碰撞迭代次数）：指定该 Maya Nucleus 解算器每模拟步碰撞迭代的最大次数。迭代是某个步骤内出现的碰撞次数，尤其是碰撞迭代（所有类型的碰撞）。精确度随增加的迭代而增加，但计算时间也会随之增加。默认值为 4。

③Collision Layer Range（碰撞层范围）：确定两个对象在距离上必须有多近才能互相碰撞。如果两个对象的 Collision Layer（碰撞层）值（在 nClothShape 和 nParticleShape 节点上设定）之间的差值小于 Collision Layer Range（碰撞层范围），对象将可以互相碰撞。默认值为 4。

④Timing Output（计时输出）：将 Nucleus 节点计时信息（以秒为单位）输出到 Script Editor（脚本编辑器）。

⑤Use Transform（使用变换）：启用此选项时，解算器使用 Nucleus 节点的 Transform Attributes（变换属性）。可以设定 Transform Attributes（变换属性），以指定受 Nucleus 重力和风影响的位置。受 Nucleus 力影响的区域由 Translate（平移）X、Y 和 Z 值定义的位置中的边界框确定。

Time Attributes（时间属性）栏各属性，如图 12-9 所示。

项目 12 制作人物衣服

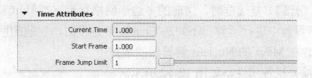

图 12-9

①Current Time（当前时间）：可用于加快或减慢连接到该 Maya Nucleus 解算器的所有对象的动态画的速度。

②Start Frame（开始帧）：指定该 Maya Nucleus 解算器开始计算的帧。

③Frame Jump Limit（帧跳转限制）：指定组成一个解算器步骤的最大帧数。

Scale Attributes（比例属性）栏各属性，如图 12-10 所示。

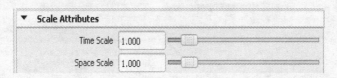

图 12-10

①Time Scale（时间比例）：确定 nCloth 和 nParticle 对象相对于 Dependency Graph（依存关系图）时间运行的相对时间。

②Space Scale（空间比例）：确定应用于该 Maya Nucleus 解算器的相对空间比例。

5. nClothShape 属性列表

功能说明：修改其柔软度和碰撞细节。

操作方法：选择碰撞物体和布料物体，单击执行，进入布料属性面板，修改其属性。

常用参数解析：在 nDynamics 菜单集中，单击 nMesh→Create Passive Collider（创建碰撞）命令，然后按<Ctrl+A>组合键打开 Attribute Editor 对话框，选择 nClothShape1 选项卡，如图 12-11 所示。

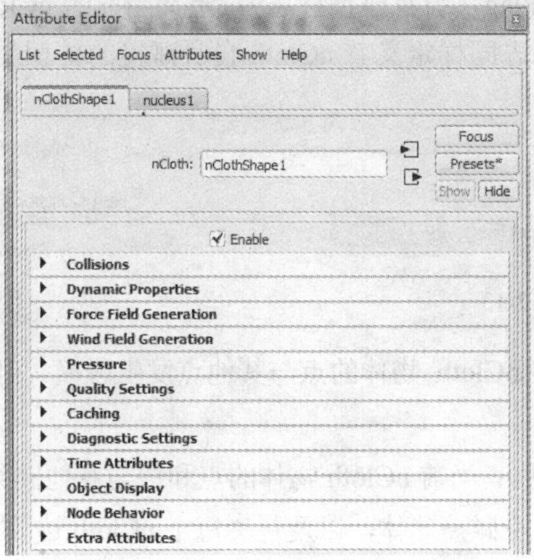

图 12-11

当勾选 Enable（开启）复选框时，当前的多边形网格行为将类似 nCloth 物体，被包含到 Maya 的 Nucleus 解算器中进行运算；不勾选 Enable 复选框时，当前的网格将与常规的多边形物体相同，不包含在 Maya 的 Nucleus 解算器的运算中。

Collisions（碰撞）栏各属性，如图 12-12 所示。

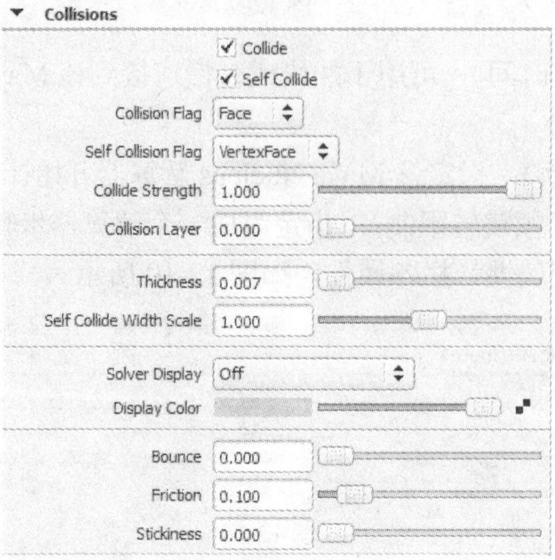

图 12-12

1）Collide（碰撞）：当勾选此复选框时，当前的 nCloth 物体将与被动物体，nParticle 物体，以及其他同一 Maya Nucleus 解算器下的 nCloth 物体产生碰撞。

2）Self Collide（自身碰撞）：当勾选此复选框时，当前的 nCloth 物体将与自身的输出网格产生碰撞。

3）Collision Flag（碰撞标记）：定义当前的 nCloth 对象的哪个组件会参与其碰撞，Collision Flag 属性有 3 种选项。其中 Vertex 选项使 nCloth 对象的顶点发生碰撞；Edge 选项使 nCloth 对象的边发生碰撞；Face 使当前 nCloth 对象的面发生碰撞。如图 12-13 所示。

4）Self Collision Flag（自身碰撞标志）：定义当前的 nCloth 物体在自身碰撞作用中参与的成分。自身碰撞标志同样定义着 nCloth 自身碰撞的体积类型，如图 12-14 所示。

图 12-13　　　　　　　　　　　　　　图 12-14

①Vertex（点）：当前 nCloth 物体的点与其他点发生碰撞。碰撞发生于包裹每个 nCloth 点的自身碰撞球体上。

②VertexEdge（点与边）：当前 nCloth 物体的点和边与其他同类元素发生碰撞。碰撞发生于包裹每个 nCloth 点的自身碰撞球体上，以及包裹每个 nCloth 边的自身碰撞柱体上。

③VertexFace（点与面）：当前 nCloth 物体的点和面与其他同类元素发生碰撞。碰撞发生于包裹每个 nCloth 点的自身碰撞球体上，以及偏离 nCloth 面的自身碰撞表面上。注意，点和面

项目 12　制作人物衣服

自身碰撞的总和将扩大围绕自身碰撞表面的临近范围。

④Full Surface（整个表面）：当前 nCloth 物体的点线面与同类元素发生碰撞。碰撞发生于自身碰撞球、柱体以及偏离表面。注意，点线面的自身碰撞总和将扩大围绕自身碰撞表面的临近范围。

5）Collision Layer（碰撞层）：指定当前的 nCloth 物体至一个特殊的碰撞层中。碰撞层的作用就是定义同一个 Maya Nucleus 解算器下的 nCloth，nParticle 和被动物体之间的交互影响。当对 nCloth 服装进行分层时，设置相应的碰撞层可实现特殊的互碰效果。nCloth 物体通常都处于同一个碰撞层中进行碰撞。但是，当 nCloth 物体在不同的层，低数值层的 nCloth 将优先于高数值层的 nCloth。因此，一个碰撞层为 0 的 nCloth 物体将推动碰撞层为 1 的 nCloth 物体，而碰撞层为 1 的这些 nCloth 又会推动碰撞层为 2 的 nCloth 物体。碰撞层的优先发生范围由 nucleus 节点下的 Collision Layer Range 属性决定。

6）Thickness（厚度）：定义当前 nCloth 物体的碰撞体积的深度或半径。

例如，数值为 0 将创建一个稀薄的 nCloth（例如丝绸），而数值为 1 时则创建厚重的 nCloth（如毛毡），如图 12-15 所示。

Thickness:0.007

Thickness:0.1

图 12-15

7）Self Collide Width Scale（自碰撞宽度比例）：对当前的 nCloth 物体定义一个自身碰撞比例数值。

8）Solver Display（解算器显示）：定义当前场景中的 nCloth 物体的 Maya Nucleus 解算器信息的显示效果，如图 12-16 所示。

①Off（关闭）：Maya 内核解算器的信息不会显示于场景视图中。

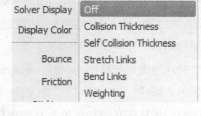

图 12-16

②Collision Thickness（碰撞厚度）：当启用该选项时，当前 nCloth 物体的碰撞体积将在场景视图中显示。碰撞厚度显示使 nCloth 的厚度更形象化，尤其是当布料间或布料与 nParticle 和被动物体发生碰撞穿插时，可使用碰撞厚度显示解决这

个问题。

③Self Collision Thickness（自碰撞厚度）：当开启该选项时，当前 nCloth 物体的自碰撞体积将在场景视图中显示。用于同一个粒子物体上发射的粒子间的碰撞信息显示。自身碰撞厚度显示使 nCloth 的自碰撞厚度更形象化，尤其是当布料的自碰撞发生穿插时，使用自碰撞厚度显示可以解决这个问题。

④Stretch Links（拉伸链接）：nCloth 的拉伸链接将在场景视图中显示。

⑤Bend Links（弯曲链接）：用于计算布料弯曲程度的 nCloth 弯曲链接将在场景视图中高亮显示。

⑥Weighting（权重）：当 Sort Stretch Links 开启，首先被计算的 nCloth 点将高亮显示于场景视图中。较大的点表示首先被计算。

9）Display Color（显示颜色）：定义当前 nCloth 物体的碰撞体积的颜色。只有场景视图显示模式为 Shading→Smooth Shade Selected Items（对选定项目进行平滑着色处理）或者 Shading→Flat Shade SelectedItems（对选定项目进行平面着色处理）显示时才可见。

10）Bounce（反弹）：当前 nCloth 物体的弹性强度。弹性定义了同一 Maya Nucleus 解算器下的 nCloth 的反弹性或者其自身碰撞，与被动物体、nParticle 或者其他 nCloth 物体发生碰撞时的弹性。nCloth 物体弹性的强度取决于织物或布料的类型。会产生弹性，而弹性为 0.9 的 nCloth 物体则富有弹力（如 rubber 橡胶）。布料弹性默认是 0。

注意：

弹性大于 1 将引起系统的不稳定，应避免此情况的发生。当布料弹跳异常，可以增大 Bend Resistance（弯曲阻力）来增加弹性碰撞，并使用 Deform Resistance（变形阻力）或者 Rigidity（刚性）来帮助弹性物体保持自身形状。

11）Friction（摩擦力）：当前 nCloth 物体的摩擦力强度。摩擦力定义了同一 Maya Nucleus 解算器下的 nCloth 自身碰撞、与被动物体、nParticle 物体或者其他 nCloth 子物体碰撞时的反向作用力强度。一个 nCloth 物体的摩擦强度取决于织物或布料的类型。

例如，摩擦力为 0 的 nCloth 将十分光滑（例如丝绸），而摩擦力为 1 的 nCloth 将十分粗糙（例如粗麻布）。nCloth 物体的 Stickiness（粘性）值影响着摩擦效果。

12）Stickiness（粘滞）：粘性定义了 nCloth 物体与其他 Nucleus 物体（nCloth，nParticle，被动物体）发生碰撞时的吸引强度。粘滞模拟法线方向上的粘附力，而摩擦力则是切线方向上的作用力。与摩擦力一样，粘滞值是两个碰撞物体的碰撞总和，因此完全的粘滞，碰撞物体的"粘滞"和"摩擦力"应该是 1.0。需要注意，如果一个物体的粘滞和摩擦力都为 2，这个物体将粘住其他粘滞值为 0 的内核系统物体。

Collision Properties Maps（碰撞特性贴图）栏各属性，如图 12-17 所示。

1）Collide Strength Map Type/Collide Strength Map（碰撞强度贴图类型/碰撞强度贴图），属性的三个选项为 None（无贴图），Per-vertex（逐顶点），Texture（纹理），如图 12-18 所示。

项目 12 制作人物衣服

图 12-17　　　　　　　　　　　　　　　图 12-18

厚度贴图定义用作表示厚度的纹理贴图，只有将 Thickness Map Type 选择为 Texture 时才可使用。纹理贴图可以是一个路径贴图文件，也可以是 Maya 的纹理节点。

2）Thickness Map Type/Thickness Map（厚度贴图类型/厚度贴图）：厚度贴图类型定义了当前 nCloth 物体的厚度贴图的种类。

3）Bounce Map Type/Bounce Map（反弹贴图类型/反弹贴图）：反弹贴图类型定义了当前 nCloth 物体的反弹贴图的种类，用法同厚度贴图。

4）Friction Map Type/Friction Map（摩擦力贴图类型/ 摩擦力贴图）：摩擦力贴图类型定义了当前 nCloth 物体的摩擦力贴图的种类。

5）Stickiness Map Type/Stickiness Map（粘滞贴图类型/粘滞贴图）：粘滞贴图类型定义了当前 nCloth 物体的粘滞贴图的种类，用法同厚度贴图。

Dynamic Properties（动力学特性）栏各属性，如图 12-19 所示。

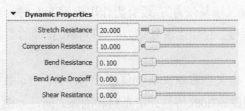

图 12-19

1）Stretch Resistance（拉伸阻力）：定义当前 nCloth 物体在受到拉力时的抗拉伸程度。拉伸阻力是当 nCloth 物体链接长于最终形态时，应用于当前 nCloth 物体链接的强力。拉伸阻力沿着 nCloth 网格粒子之间的线性链接应用于几何体。低数值的拉伸阻力使 nCloth 富有弹性，如 Spandex（氨纶弹性纤维）；高数值的拉伸阻力使 nCloth 更紧密，如 Burlap（粗麻布）。

2）Compression Resistance（压缩阻力）：定义当前 nCloth 物体的抗压力程度。抗压力是当 nCloth 物体链接短于最终形态时，应用于当前 nCloth 物体链接的强力。低数值的压缩阻力使 nCloth 容易受力产生褶皱，如 Crinoline（裙衬）；高数值的压缩阻力使 nCloth 不易褶皱。当同时进行拉伸阻止时，压缩阻力大于拉伸阻力，可避免当前

nCloth 的结构趋向僵硬。数值为 0.0 的压缩阻力，将使当前 nCloth 链接行为类似橡皮圈，而不是弹簧。

3）Bend Resistance（弯曲阻力）：定义 nCloth 物体在受到张力时的抗弯曲程度。高数值的弯曲阻力使 nCloth 硬直，不会沿着物体表面的边线弯曲悬挂；低数值的弯曲阻力则使 nCloth 类似垂挂于桌子边上的桌布。

4）Bend Angle Drop off（弯曲角度衰减）：通过当前 nCloth 物体的弯曲角度，定义抗弯曲改变的程度。高的弯曲角度衰减会使 nCloth 在高角度上弯曲阻力（例如当布料接近平坦时）效果更好。

5）Shear Resistance（斜切阻力）：定义当前 nCloth 物体斜切阻力的量。斜切阻力与拉伸阻力类似，但它是沿着 nCloth 网格粒子之间的交叉链接应用于几何体。斜切使 nCloth 以一个不均等的方式拉伸，会导致形变。多数情况下，默认值是 0 可接受。总的来说，通过 nCloth 交叉链接，任何"斜切阻力"值都不需要。拉伸阻力和压缩阻力防止布料被切开。另外，斜切阻力会使模拟速度降低。

6）Restitution Angle（恢复角度）：没有力作用于 nCloth 时，当前 nCloth 物体沿着边向最终形态恢复的最大弯曲角度。当将"恢复角度"与"弯曲阻力"配合，可以模拟变形金属，如图 12-20 所示。

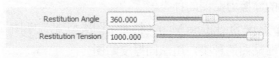

图 12-20

7）Restitution Tension（恢复张力）：没有力作用于 nCloth 时，当前 nCloth 物体的链接在恢复最终长度前的拉伸程度。使用"恢复张力"可以模拟拉伸的类似 Putty（油性腻子）等物质被拉伸的效果。

8）Rigidity（刚性）：定义当前 nCloth 物体接近刚体的程度。数值为 1 使布料成为完全的刚体，0~1 之间的数值则使 nCloth 特性介于布料和刚体之间，如图 12-21 所示。

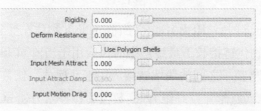

图 12-21

9）Deform Resistance（变形阻力）：定义 nCloth 物体保持其当前形态的能力。在模拟冲击布料表面时，该数值决定了布料变形和碰撞的程度。可以使用这个属性来使 nCloth 变得强硬，就像一个敞篷小汽车上的软车顶；也可以设置一个低阻力，模拟人物头部靠在枕头上时的布料凹痕。

10) Use Polygon Shells（用于模型外壳）：能将"刚性"和"变形阻力"应用到 nCloth 网格的各个多边形壳。

11) Input Mesh Attract（输入网格吸引）：定义当前 nCloth 被它的输入网格形态吸引的程度。高数值确保模拟中的 nCloth 变形和碰撞，它会使 nCloth 物体尽可能接近它的输入网格形态。相对的，低数值意味着 nCloth 不会返回它的输入网格形态。该属性在管理控制上会很有用，尤其是在输入网格上应用变形器，或者将输入网格和一个动画进行适配。

12) Input Attract Damp（输入吸引阻尼）：定义输入网格吸引的弹性效果。高数值使 nCloth 低弹性，因为阻尼吸收了很多能量；低数值则使布料具有高弹性。

13) Input Motion Drag（输入运动阻力）：定义输入网格运动快慢效果。

14) Rest Length Scale（最终长度缩放）：起始帧的布料长度在进行动力学缩放后的最终长度。默认值为 1，如图 12-22 所示。

图 12-22

15) Bend Angle Scale（弯曲角度比例）：起始帧的布料弯曲角度在进行动力学缩放后的最终角度。弯曲角度缩放值为 0 时，最终布料形态将是平坦的。默认值为 1。

16) Mass（质量）：定义当前布料的基本质量。当 Maya Nucleus 解算器的 Gravity（重力）值大于 0.0，质量决定着一个 nCloth 的密度或者 nCloth 的重量。一个 nCloth 的质量取决于织物或布料的类型。例如，质量为 0 的 nCloth 将十分轻柔（例如丝绸），而质量为 1 的 nCloth 将很厚重（例如毛毡）。默认值为 1。质量影响着碰撞和拖拽的作用。高质量的 nCloth 对低质量的 nCloth 具有很大的影响，而其受拖拽力的作用不大，如图 12-23 所示。

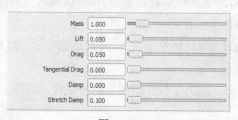

图 12-23

17) Lift（升力）：定义作用于当前 nCloth 物体的升力大小。升力是相对于风向垂直的空气动力学的分力。可以使用升力与 Wind Speed（风速）和 Drag（阻力）来创建风中飘扬的旗帜的效果。默认值是 0.05。

18) Drag（阻力）：定义作用于当前 nCloth 物体的阻力大小。阻力是平行于产生阻力的相对气流的空气动力学的分力。默认值是 0.05。

19) Tangential Drag（切向阻力）：改变与当前 nCloth 物体的表面切线相关的拖拽效果。

例如，当沿着 nCloth 物体的法线轴向移动时，一个数值为 0.0 的切向阻力会产生一个平坦表面来截断气流，使得阻力消失而只有拖拽力作用；数值为 1.0 的切向阻力则在所有方向上具有相等的阻力效果。默认值为 0.0。

20）Damp（阻尼）：定义当前 nCloth 的运动受阻尼的程度。阻尼通过消耗能量，逐渐减小布料物体的移动和摆动。

21）Stretch Damp（拉伸阻尼）：定义造成当前 nCloth 拉伸的速度的阻尼值。拉伸阻尼允许 nCloth 产生没有弹性的拉伸。同样的，当 Damp（阻尼）作用于布料弯曲处和总体的 nCloth 旋转，Stretch Damp（拉伸阻尼）只会影响拉伸。

22）Scaling Relation（缩放关系）：定义动力学属性方式，例如 Bend（弯曲）和 Stretch（拉伸）通过比例和当前 nCloth 物体的点密度进行确定，如图 12-24 所示，该属性有如下 3 个选项。

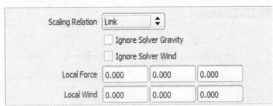

图 12-24

①Link（链接）：动力学属性应用于当前 nCloth 物体的每一个链接。nCloth 的分辨率（即点密度）越大，动力学属性的效果越大，例如抗拉伸和抗弯曲。

②ObjectSpace（物体空间）：无论分辨率（点密度）如何，nCloth 的动力学属性都具有同样的效果。

③WorldSpace（世界空间）：无论分辨率（点密度）如何，nCloth 的动力学属性都具有同样的效果。但是，布料的牢固值在世界空间中被固定。

23）Ignore Solver Gravity（忽略解算器重力）：开启该选项后，解算器的 Gravity（重力）就不会对当前的 nCloth 物体产生作用。

24）Ignore Solver Wind（忽略解算器风）：开启该选项后，解算器的 Wind（风力）不会对当前 nCloth 物体产生作用。

Dynamic Properties Map（动力学特性贴图）栏各属性，如图 12-25 所示。

图 12-25

项目 12　制作人物衣服

1）Stretch Map Type/Stretch Map（拉伸贴图类型/拉伸贴图）：拉伸贴图类型定义了当前 nCloth 物体的拉伸贴图的种类。可选择 None（无贴图），Per-vertex（逐顶点），或者 Texture（纹理）等选项。

2）Bend Map Type/Bend Map（弯曲贴图类型/弯曲贴图）：定义了当前 nCloth 物体的弯曲贴图的种类。用法同拉伸贴图。

3）Rigidity Map Type/Rigidity Map（刚性贴图类型/刚性贴图）：定义了当前 nCloth 物体的刚性贴图的种类，如图 12-26 所示。

图 12-26

4）Deform Map Type/Deform Map（变形贴图类型/变形贴图）：定义了当前 nCloth 物体的变形贴图的种类。用法同拉伸贴图。

5）Input Attract Map Type/Input Attract Map（输入吸引贴图类型/输入吸引贴图）：定义了当前 nCloth 物体的输入吸附贴图的种类。用法同拉伸贴图。

6）Damp Map Type/Damp Map（阻尼贴图类型/阻尼贴图）：定义了当前 nCloth 物体的阻尼贴图的种类。纹理贴图可以是一个路径贴图文件，也可以是 Maya 的纹理节点，如图 12-27 所示。

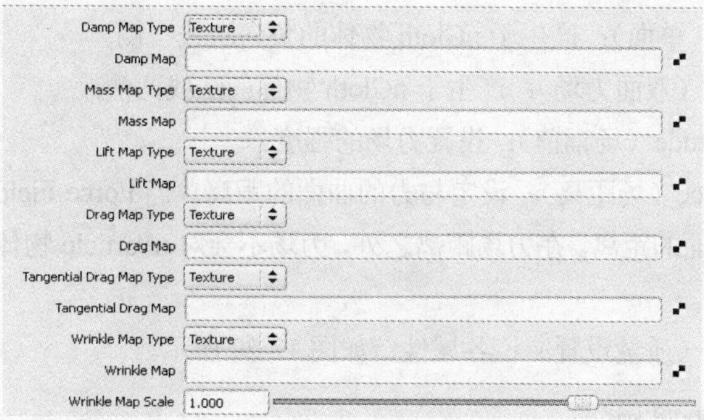

图 12-27

7）Mass Map Type/Mass Map（质量贴图类型/质量贴图）：定义了当前 nCloth 物体的质量贴图的种类。

8）Wrinkle Map Type/Wrinkle Map（褶皱贴图类型/褶皱贴图）：一个褶皱贴图通过沿着 nCloth 输入网格的法线进行置换，改变 nCloth 输入网格的内部最终形态。置换的级别取决于每个点上的褶皱贴图数值，而这些数将会与 Wrinkle Map Scale（褶皱贴图比例）进行相乘。当 nCloth 进行模拟，它会尝试获取置换形态而不是它的法线最终形态。最终形态仅用于决定 nCloth 的抗拉伸和抗弯曲。nCloth 物体的输入网格吸附和刚性不受褶皱贴图的影响。

注意：
当应用一个褶皱贴图至 nCloth 网格，褶皱偏移只在法线方向的一侧进行。要制作起伏的褶皱，在褶皱贴图纹理节点中设置 Alpha Off set（透明偏移）值为-0.5。

9）Wrinkle Map Scale（褶皱贴图比例）：定义一个褶皱贴图的置换效果。负值会将褶皱向内推，正值则将褶皱向外推。对于很大的场景比例，这个数值也应该很大。默认值为 1。

在大场景缩放中，一个高褶皱贴图缩放值就被用于描述世界空间置换。

Force Field Generation（力场生成）栏各属性，如图 12-28 所示。

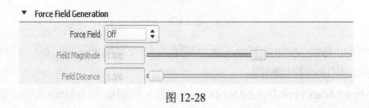

图 12-28

1）Force Field（力场）：设置力场的方向，也就是 nCloth 物体产生力场的部分。包括以下选项。

①Off（禁用）：力场产生将被关闭。
②Along Normal（沿法线）：力场产生于 nCloth 物体的表面法线。
③Single Sided（单面）：产生于 nCloth 物体的负向法线一侧。
④Double Sided（双面力场）：产生于 nCloth 物体的法线两侧。

2）Field Magnitude（场幅值）：设置力场的强度。

3）Field Distance（场距离）：设定与力的曲面的距离。当 Force Field 被启用，设置到产生力场的 nCloth 表面的距离。在力场距离之外，力场不会对 nParticle 物体和其他 nCloth 物体产生影响。

Quality Settings（质量设置）栏各属性，如图 12-29 所示。

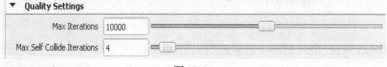

图 12-29

1）Max Iterations（最大迭代次数）：定义当前 nCloth 物体动力学属性的每一个模拟步数的最大迭代次数。

2）Max Self Collide Iterations（最大自身迭代次数）：定义当前 nCloth 物体的每一个模拟步数的最大自身迭代次数。迭代次数是发生于模拟步数中的计算次数。增加迭代次数会提高计算精度，但是解算时间也会增加。

6. 布料约束的综合运用技巧

功能说明：项目中添加布料后，约束布料运动轨迹。

操作方法：选择布料的点，单击执行。

常用参数解析：在 nDynamics 菜单集中，单击 nConstraint（约束）命令，其选项窗口如图 12-30 所示。

Transform（变换）命令的使用效果如图 12-31 所示。该命令可创建一个变形约束来控制空间中特定的布料成分，并可在 X Y Z 轴向移动它们。

图 12-30

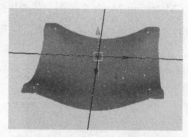
图 12-31

Component to Component（组件到组件）：创建一个成分相互约束，可以将布料成分（点、线、面）吸附到其他布料或者被动物体成分上，如图 12-32 所示。

Point to Surface（点到曲面）：创建一个点面约束，可以将布料成分（点、线、面）吸附到目标表面上（布料表面，被动的碰撞物体），如图 12-33 所示。

图 12-32

图 12-33

Slide on Surface（在曲面上滑动）：创建表面滑动约束，可以使布料成分（点、线、面）吸附到一个目标表面（其他布料表面，被动的碰撞物体），并沿该表面滑动。可以创建表面滑动约束来替代碰撞，而且表面滑动约束的运算速度会比碰撞的运算速度快，如图 12-34 所示。

Weld Adjacent Vertices（焊接相邻边界）：创建焊接临近点约束，可以将布料的 Border Edges（边界边）或者 nCVs 点一起约束在一个非弹性样式中，如图 12-35 所示。

图 12-34

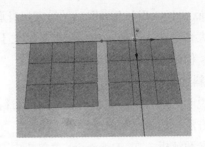

图 12-35

Force Field（力场）：创建一个力场，可以推动布料成分或者物体远离约束的中心，通过一个放射状的圆球进行弹开，如图 12-36 所示。

Attract to Matching Mesh（吸附到匹配网格）：创建一个吸附到匹配网格的约束，可以将布料物体上的点，通过匹配的拓扑结构，吸附到相应的网格点，如图 12-37 所示。

图 12-36

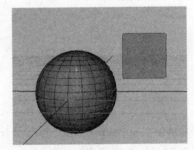

图 12-37

Tearable Surface Constraint（可撕裂曲面）：创建一个可撕裂曲面，可以制作布料物体与被动物体或者其他布料物体接触时产生的裂缝或者解散，如图 12-38 所示。

7. 移除动力学约束

功能说明：对布料中的约束点进行移除。

操作方法：选择布料约束点，单击执行。

常用参数解析：在 nDynamics 菜单集中，单击 nConstraint（约束）→Remove Dynamic Constraint（移除动力学约束）命令，如图 12-39 所示。

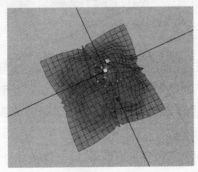

图 12-38

图 12-39

对布料、被动物体或者 nCVs 点创建取消碰撞约束，可以阻止它们与所有其他布料、被动物体或者 nCVs 点的碰撞。这类约束可用于改进布料的运动或者避免碰撞几何体的穿插。

8. 布料属性绘制工具的使用

功能说明：对布料中的约束点进行移除。

操作方法：选择布料约束点，单击执行。

常用参数解析：单击 nMesh→Paint Vertex Properties（绘制顶点特性）命令，如图 12-40 所示。

该工具与它下面的三个工具 Paint Texture Properties（绘制纹理权重）、Convert Texture to Vertex Map（将纹理贴图转化为顶点贴图）、Convert Vertex to Vertex Map（将顶点贴图转化为纹理贴图），可以设置的布料物体的属性有 Collide strength（碰撞强度）、Thickness（厚度）、Bounce（反弹）、Friction（摩擦力）、Stickiness（粘滞）、Field Magnitude（场幅值）、Mass（质量）、Stretch（拉伸）、Bend（弯曲）、Bend Angle Dropoff（弯曲角度衰减）、Restitution Angle（恢复角度）、Damp（阻尼）、Wrinkle（褶皱）、Rigidity（刚性）、Deformability（可变形性）、Input Attract（输入吸引）、Rest Length Scale（静止长度比例）、lift（升力）、Drag（阻力）、tangential drag（切向阻力），如图 12-41、图 12-42 所示。

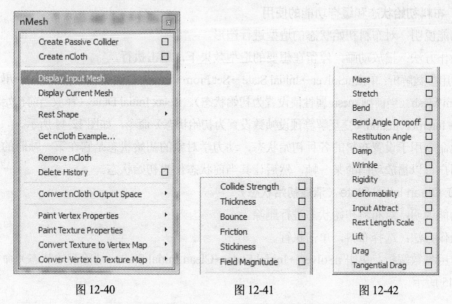

图 12-40　　　　　　图 12-41　　　　　　图 12-42

Paint Vertex Properties 是一个用笔刷绘制顶点模式来控制布料物体属性的工具。可以用这个工具设置布料物体上不同位置顶点的属性参数。方法是在布料物体的曲面上绘画，通过修改工具提供的颜色修改曲面上的顶点数据，使操作者知道布料物体的哪些部分带有不同的属性参数。权重显示为灰阶范围，权重为 1 时，对象显示黑色，权重为 0 时则显示白色，如图 12-43 所示。

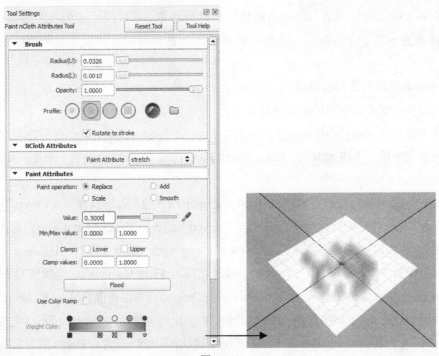

图 12-43

9. 布料初始状态和缓存功能的使用

功能说明：对布料初始状态的造型进行塑形。

操作方法：播放动画，停留在想要的造型效果下，单击执行。

常用参数解析：单击 nSolver→Initial State→Set From Current（当前帧属性值设置为初始状态）Set From Mesh（当前帧 mesh 属性值设置为初始状态）、Relax Initial Dtate（释放当前初始状态）、Resolve Interpenetration（交互解算预设帧数设置为初始状态）命令，如图 12-44 所示。

此命令用于设置布料的各种初始状态，动力学对象的初始状态是它在第一帧时的属性状态。用户可以播放动画的某一帧，然后让其当前状态作为初始状态。

10. Clean Initial State（清除初始状态）

功能说明：对布料初始状态进行删除。

操作方法：选择布料，单击执行。

常用参数解析：单击 nSolver→Initial State→Clean Initial State（清除初始状态）命令，如图 12-45 所示。

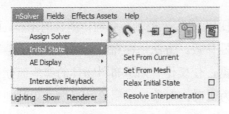

图 12-44

图 12-45

11.Create New Cache（创建新缓存）

功能说明：对布料创建缓存从而更快地运算布料。

操作方法：选择布料物体，单击执行。

常用参数解析：在 nDynamics 菜单集中，单击 nCache→Create New Cache（创建新缓存）命令，如图 12-46 所示。

"创建新缓存"可提高渲染效率，特别是使用多处理器进行批渲染时，Maya 可以从磁盘缓存中加载数据，而无需重新计算，这可以避免渲染开始时布料的预备过程。还提高场景播放速度，不必再受时间滑块的影响。可以对一个场景创建不同的缓存，能够创建并迅速播放场景的各种变化。

在使用当前时间滑块播放范围时，Maya 将播放场景，把场景中布料动画文件写入缓存写入磁盘，再次播放时，场景中的布料动画不会再受 nCloth 参数调节的影响。要创建不同播放时间范围的缓存，可以改变当前时间滑块的范围，或者使用 Render Settings（渲染设置）选项盒中的时间范围，如图 12-47 所示。一旦创建缓存，Maya 必须播放场景，但可以在播放时按<Esc>键中止创建缓存。

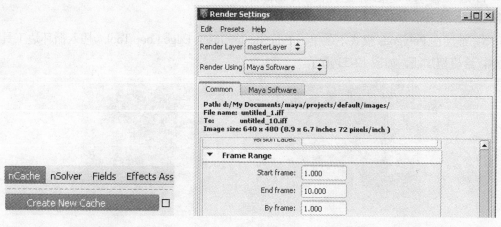

图 12-46　　　　　　　　　　图 12-47

Delete Cache（删除缓存）：可用于删除布料缓存文件，但在 Maya 中无法删除缓存文件或者目录，只能使用操作系统将其删除。这些缓存文件存放在 Maya 工程目录中的 data 文件夹中，只要将该文件夹中的文件删除即可删除布料缓存文件，如图 12-48 所示。

图 12-48

项目实施

任务1 建立衣服模型

1）单击 Create→Polygon Primitives→Cube 命令创建一个方块体，如图12-49所示。

2）增加方块体的布线。设置 Subdivisions Width、Subdivisions Height、Subdivisions Depth 均为3，如图12-50所示。

3）删除顶面和底面的部分面，如图12-51所示。

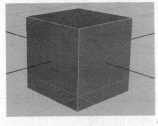
图12-49

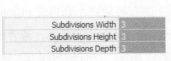
图12-50

图12-51

4）进入 Polygons 模式，选择被删除面的部分线，单击 Edit Mesh→Extrude（挤出）命令，如图12-52所示。

5）继续在 Polygons 模式下，单击 Edit Mesh→Insert Edge Loop Tool（插入循环边工具）命令，给模型加线，如图12-53所示。

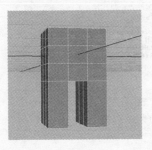
图12-52

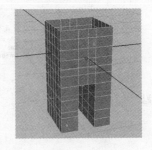
图12-53

6）选中模型，单击鼠标右键，选择 Vertex 命令，如图12-54所示。

7）然后调整模型的点，使其成为裤子的形状，如图12-55所示。

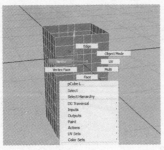
图12-54

图12-55

项目 12 制作人物衣服

> **注意：**
> 短裤模型创建时不要和角色身体模型有穿插，否则结算时会报错。

任务2　设置布料模型属性

1）模型和角色身体模型合并，然后在场景中修改时间轴数值，让镜头第一帧的值为-50，目的是让角色成自然站立状，如图12-56所示。

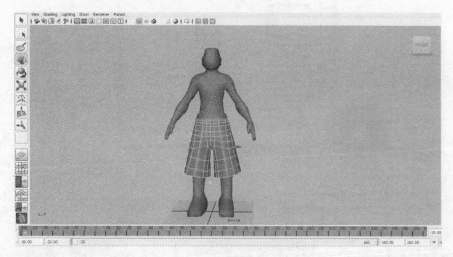

图 12-56

2）进入到 nDynamics 模式下，选择短裤，单击 nMesh→Crate nCloth（创建布料）命令，如图12-57所示。

3）单击时间播放按钮，观察短裤是否成为了布料，如果被赋予为布料，则会受重力影响自然下落，如图12-58所示。

4）单击短裤，按<Shift>键加选身体，单击 nMesh→Create Passive Collider（创建碰撞）命令，如图12-59所示。

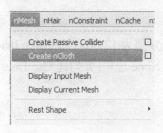
图 12-57

图 12-58　　　　　图 12-59

5）选择布料，按<Ctrl+A>组合键，打开属性编辑器，选择 nClothShape 选项卡，进入布料属性面板，如图12-60所示。

6）在 Dynamic Properties 栏中修改 Stretch Resistance 值为 50；Compression Resistance 值为 30；Bend Resistance 值为 0.1，如图12-61所示。

181

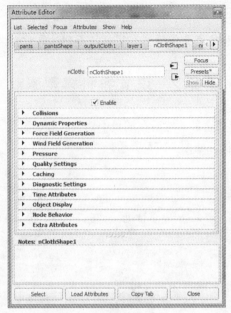

图 12-60

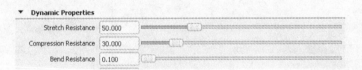

图 12-61

7）进入到 nucleus 选项卡中，修改 Scale Attributes 栏的 Time Scale 值为 1.000；Space Scale 值为 0.1，如图 12-62 所示。

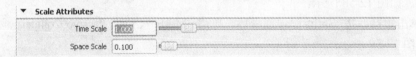

图 12-62

8）调整碰撞时的精度。在 Solver Attributes 栏修改 Substeps 值为 12；Max Collision Iteration 值为 6；Collision Layer Range 值为 4.000；Timing Output 选择 None 选项；并勾选 Use Transform 复选框，如图 12-63 所示。

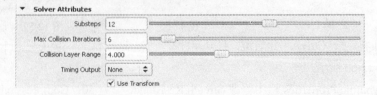

图 12-63

9）选择短裤上腰带部分的点，如图12-64所示。

10）按<Shift>键加选身体，然后单击nConstraint→Point To Surface命令，如图12-65所示。

图12-64

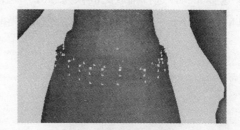
图12-65

11）选择布料，单击nMesh→Paint Vertex Properties→Mass→□（选项窗口）命令，如图12-66所示。

12）按<Ctrl+A>键，打开属性编辑器进入笔刷属性中，设置Value值为0.5000，如图12-67所示。

图12-66

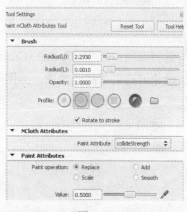
图12-67

13）然后用笔刷在短裤裤腿部分进行粉刷，如图12-68所示。

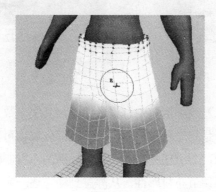
图12-68

注意：

一直按<B>键并按鼠标左键，然后左右拉动鼠标可以调节笔刷的大小。

14）选择布料，选择播放时间帧为-30，单击暂停，如图 12-69 所示。

15）单击 nSolver→Set From Mesh 命令，将当前 Mesh 属性值设置为初始状态，如图 12-70 所示。

图 12-69

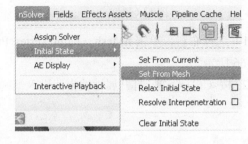
图 12-70

16）选择布料，单击 nCache→Creat New Cache 命令创建新缓存，如图 12-71 所示。

17）渲染并查看最终效果图，如图 12-72 所示。

图 12-71

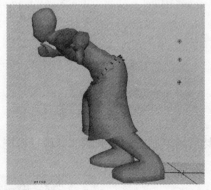
图 12-72

项目小结

布料解算在整个《侠岚》故事情节中有很多使用，其中多数为质感较柔软的布，如衣物的袖口与裤口在整件衣物中是相对较柔软的，制作这部分衣物可直接用 Maya 中的 nCloth 功能轻松制作完成。本项目通过 2 个任务完成了角色短裤的布料制作，从最基础的创建布料到匹配到角色模型身体上，再调节布料属性，从静态到动态逐一完成。

项目 12 制作人物衣服

 实践演练 《

制作一个古代妇女穿着裙子走路的动画,其中人物服装要随人物运动摆动,如图 12-73 所示。

图 12-73

要求:
1)熟练运用所学命令,先创建角色的衣服布料与模型的碰撞物,进而调节布料的柔软度。
2)作品中布料的动态自然写实,能表现出质感。
3)作品完成时,创建缓存。

项目 13　制作角色头发

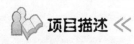项目描述 《

在动画片《侠岚》中，角色个性化的发型是角色的重要标志之一。本项目从制作毛发的头皮模型入手，在模型上种植毛发，根据头发的造型，调节曲线的形态。使用头发系统制作角色头发的最终效果，如图 13-1 所示。

图 13-1

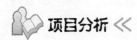项目分析 《

本项目需要以下技术支持：建立头发生长的模型面片。根据角色的头型和角色的发型，在头皮上建立头发的面片，让面片一一重叠在一起，整体覆盖到头皮上。然后建立头发系统。在所创建的面片上根据造型种植毛发，并安排好种植的数量及长短，并调节好整体毛发的造型。接下来设置头发的动力学效果并设置初始状态。毛发种植完成后，添加动力学效果，让毛发在自带重力作用下垂直下落，并调节到需要的造型，调节毛发的初始状态，让第一帧等于当前帧。最后调节头发系统的渲染属性。毛发的渲染好坏与灯光有关也和渲染有关，打开渲染的"去除毛发锯齿"，渲染毛发。

因此，本项目的制作分为以下 2 个任务来逐步完成。

任　务	流　程　简　介
任务 1	建立头发生长的模型面片
任务 2	建立头发系统并设置渲染属性

项目教学及实施建议 14 学时。

项目 13　制作角色头发

知识准备

1. 头发系统创建的选项和设置

功能说明：为角色创建毛发。

操作方法：选择头皮面片，单击执行。

常用参数解析：单击 nHair（毛发）→Create Hair（创建毛发）→□（选项窗口）命令，打开 Create Hair Option 窗口，如图 13-2 所示。

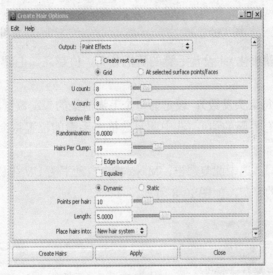

图 13-2

Output（输出）：选择头发输出的类型，如图 13-3 所示。选项有 NURBS Curves、Paint Effect、Paint Effect and NURBS Curves 三个。

Create Rest Curves（创建静止曲线）：选中此复选按钮时，会创建一组笔直并与曲面垂直的静止曲线。

Grid（栅格）：此项为默认设置，选中此单选按钮将在整个选中的物体上创建毛囊头发。

At Selected Points / faces（在选定点/面处）：选中此单选按钮将在选中的面片或点上创建毛囊头发，如图 13-4 所示。

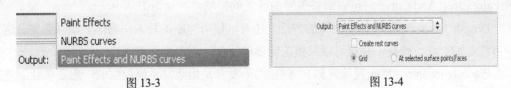

图 13-3　　　　　　　　　　　图 13-4

U Count（U 数）：设置在曲面 U 方向的毛囊数量，如图 13-5 所示。

V Count（V 数）：设置在曲面 V 方向的毛囊数量。

Passlve fill（被动填充）：设置有多少毛囊不能被用于动力学，其中红色的毛囊可以创建动力动学画，蓝色的毛囊是被动的，如图 13-6 所示。

U/V=8　　　　　U/V=15

图 13-5　　　　　　　　　　　　　　　图 13-6

Randomization（随机化）：设置毛囊的随机分布，值越高，毛囊生成的位置就越随机，如图 13-7 所示。

Hair Per Clump（每束头发数）：设定为每个毛囊渲染的头发数量。

Edge bounded（有界限的边）：选中此复选框，毛囊的位置将会沿着 U 和 V 参数线的边缘生长。

Equalize（均衡器）：选中此复选框，Maya 将会自动平衡 UV 坐标空间和世界坐标空间，保证毛囊的生长位置的平衡，如图 13-8 所示。

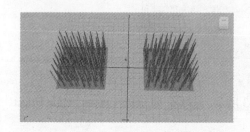 

Randomization=0　　Randomization=0.5

图 13-7　　　　　　　　　　　　　　　图 13-8

Dynamic（动态）：点开毛发将以动态形式呈现。

Static（静态）：点开毛发将以静态形式呈现。

Points Per Hair（每根头发点数）：设定控制头发分段数的多少。当输出类型是 Curve 或者 Paint Effect And Curve 时可以调整头发曲线上的控制点，如图 13-9 所示。

Length（长度）：除了使用命令的方法，还可以使用笔刷工具来在物体上绘制头发。这样的方法更加直观、快捷，并且可以只覆盖物体的局部，而不用全部创建。

Place hairs into（将头发放置到）：创建的毛发都是由毛发系统控制的，想要单独创建新的毛发系统来控制毛发需选择 New hair system 选项，如图 13-10 所示。

2. 绘制毛囊

功能说明：添加动态头发。

操作方法：选择毛发，修改属性。

项目 13　制作角色头发

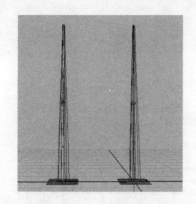

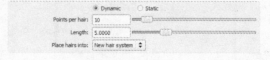

Points Per Hair=10　　Points Per Hair=5

图 13-9　　　　　　　　　　　　　　图 13-10

常用参数解析：执行 nHair→Paint Hair Follicles 命令，打开 Paint Hair Follicles Setting 窗口，就可以在物体表面绘制了，如图 13-11 所示。

图 13-11

Paint mode（使用这种模式）：绘制模式可选择。
Create Follicles（创建毛囊）：将在绘制部分创建毛囊。
Create Passive Follicles（创建被动毛囊）：使用这种模式，将在绘制部分创建被动毛囊。
Delete Follicles（删除毛囊）：使用这种模式，将删除绘制部分的毛囊。
Edit Follicle Attributes（修改毛囊属性）：使用这种模式，将修改毛囊的属性。
Trim Hair（修剪毛发）：使用这种模式，将会修剪已经创建的头发。
Extend Hairs（扩展毛发）：使用这种模式，将会延长已经创建的头发。

3. 头发系统的属性和功能

功能说明：可以修改头发的形态，颜色和动态。
操作方法：选择头发，修改属性。
常用参数解析：选择头发，按＜Ctrl+A＞组合键打开属性编辑器，选择 hair System Shape 2 选项卡，如图 13-12 所示。
Clump and Hair Shape（束和头发形状）栏用于设置头发的基本形状属性。其各属性，如图 13-13 所示。

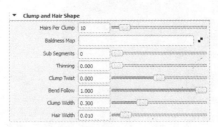

　　　　　图 13-12　　　　　　　　　　　　　图 13-13

　　Hairs Per Clump（每束头发数）：设置将每根发束曲线渲染成多少根头发，如图 13-14 所示。

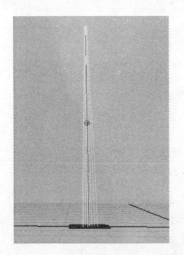
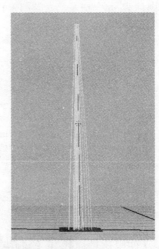

　　Hairs Per Clump=10　　　　　　　　Hairs Per Clump=20

图 13-14

　　Baldness Map（光秃度贴图）：使用纹理来控制头发的密度，如图 13-15 所示。

图 13-15

　　Sub Segments（截面分段）：设置渲染时头发的细致程度，该属性只影响最终渲染结果，不影响动力学效果，如图 13-16 所示。

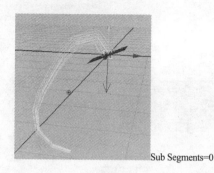

图 13-16

Thinning（稀释）：此属性控制长、短头发的比例，如图 13-17 所示。
Clump Twist（束扭曲）：控制围绕主头发轴的束组的旋转。
Bend Follow（弯曲跟随）：此值控制头发沿轴旋转的程度。
Clump Width（束宽度）：控制每块发束的宽度，值越大头发显得越蓬松，如图 13-18 所示。

 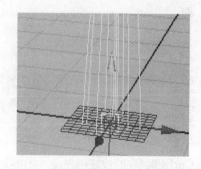

图 13-17　　　　　　　图 13-18

Hair Width（头发宽度）：设置全局头发的宽度，如图 13-19 所示。

图 13-19

Clump Width Scale（束宽度比例）：使用渐变（图形）可以为发束定义不同的宽度，如图 13-20 所示。

在渐变图形中，渐变图靠左端的部分控制头发根部的宽度，右端控制靠头发尖部的宽度。纵轴越靠上的部分对头发影响越大，如图 13-21 所示。

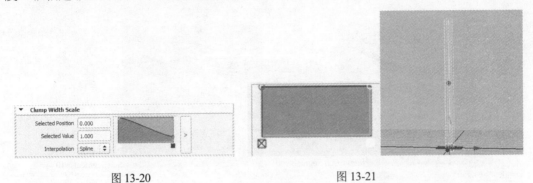

图 13-20　　　　　　　　图 13-21

Hair Width Scale（头发宽度比例）：使用渐变（图形）为总体头发形状定义不同的宽度，如图 13-22 所示。

在渐变图形中，渐变图靠左端的部分控制头发根部的宽度，右端控制靠头发尖部的宽度。纵轴越靠上的部分对头发影响越大，如图 13-23 所示。

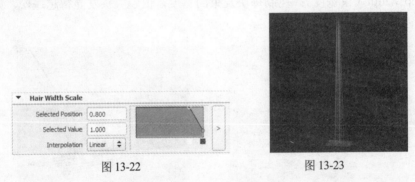

图 13-22　　　　　　　　图 13-23

Clump Curl（束卷曲）：使用渐变（图形）可以为发束定义不同的卷曲，如图 13-24 所示。

默认情况下值为 0.5，此时头发不会发生任何卷曲，若设置的值高于 0.5，则头发会产生正向的卷曲；若设置的值低于 0.5，则头发会产生反向的卷曲，如图 13-25 所示。

Clump Flatness（束平坦度）：使用渐变（图形）为发束定义不同的平坦度，如图 13-26 所示。

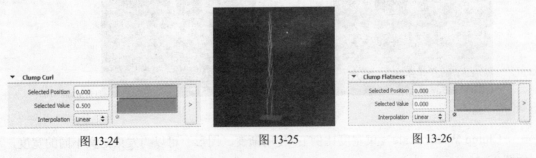

图 13-24　　　　　图 13-25　　　　　图 13-26

Clump Interpolation（束插值）：设置头发在头发块上面的分布情况，在固定毛囊数量的情况下，提高此值会使头发分布在毛囊周围的范围更广，如图 13-27 所示。

项目 13 制作角色头发

图 13-27

Interpolation Range（插值范围）：设置 Clump Interpolation 在每个头发块上的作用范围。

Collisions（碰撞）栏各属性，如图 13-28 所示。

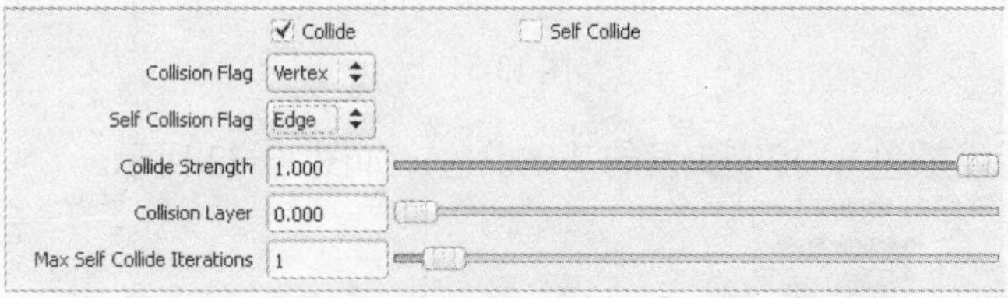

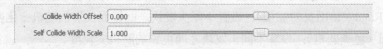

图 13-28

Collide（碰撞）：选中此复选框，将打开头发的碰撞属性。头发之间将会发生碰撞。

Self Collide（自碰撞）：选中此复选框，将打开头发的自碰撞属性。

Collision Flag（碰撞标志）：指定 nHair 对象的哪些组件将参与碰撞，有 Edge、Vertex 两个选项。

Edge（边）以物体边类型做碰撞。

Vertex（点）以物体点类型做碰撞。

Self Collision Flag（自碰撞标）：指定 nHair 对象的哪些组件参与自碰撞，有 Edge、Vertex 两个选项。

Collide Strength（碰撞强度）：指定 nHair 与物体碰撞的力量。

Collision Layer（碰撞层）：毛发与毛发之间发生碰撞时调节的图层。

Max Self Collide Iterations（最大自碰撞迭代次数）：针对当前头发对象的自碰撞，指定每模拟步最大迭代次数，如图 13-29 所示。

图 13-29

Collide Width Offset（碰撞宽度偏移）：在碰撞发生前，此项数值将会被加入到 Clump Width 属性中，可以用此项数值来调节那些碰撞中的渗透现象，或者是调节超过了主动头发边界外的被动。

Self Collide Width Scale（自碰撞宽度比例）：允许为自碰撞缩放头发和发束的厚度。

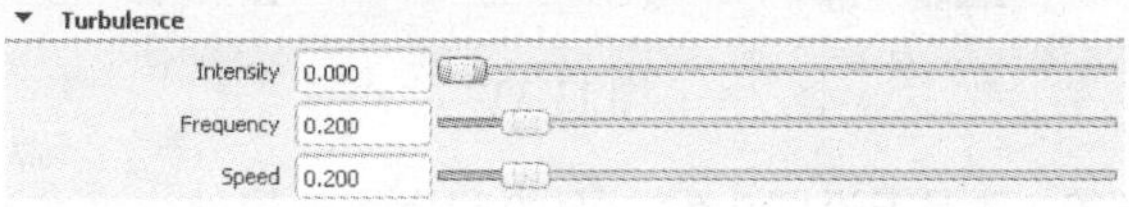

Turbulence（湍流）栏各属性，如图 13-30 所示。

图 13-30

193

Intensity（强度）：设置扰动的强度。

Frequency（频率）：设置扰动的频率，降低此值将增大扰动漩涡的范围。

Speed（速率）：设置扰动样式更改的速率。

Shading（着色）栏属性，如图 13-31 所示。

图 13-31

Hair Color（毛发颜色）：控制头发的基础发色，如图 13-32 所示。

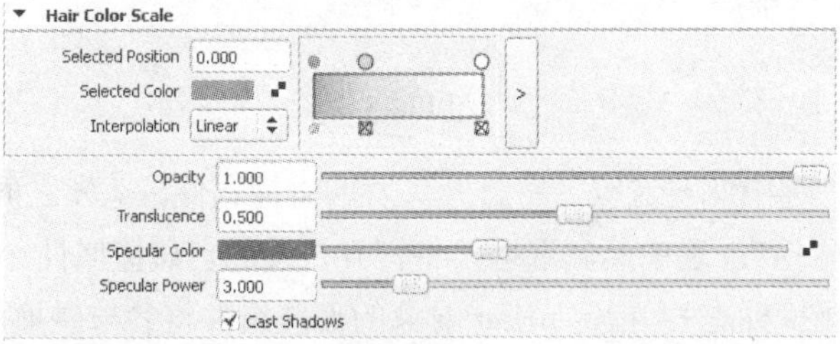

图 13-32

Hair Color Scale（头发颜色比例）：通过渐变贴图控制头发的颜色。

Opacity（不透明度）：设置头发的不透明度。

Translucence（半透明）：设置头发的半透明效果。

Specular Color（镜面反射颜色）：设置头发的高光部分颜色。

Specular Power（镜面反射强度）：设置头发的高光强度。

Cast Shadows（投射阴影）：选中此复选框，头发将会产生投影。

Color Randomization（颜色随机化）：设置颜色的随机度，其各属性如图 13-33 所示。

Diffuse Rand（漫反射随机）：设置不同头发块之间漫反射的随机变化度。

Specular Rand（镜面反射随机）：设置不同头发块之间镜面反射的随机变化度。

Hue Rand（色调随机）：设置不同头发块之间色调的随机变化度。

Sat Rand（饱和度随机）：设置不同头发块之间饱和度的随机变化度。

Val Rand（明度随机）：设置不同头发块之间明度的随机变化度。

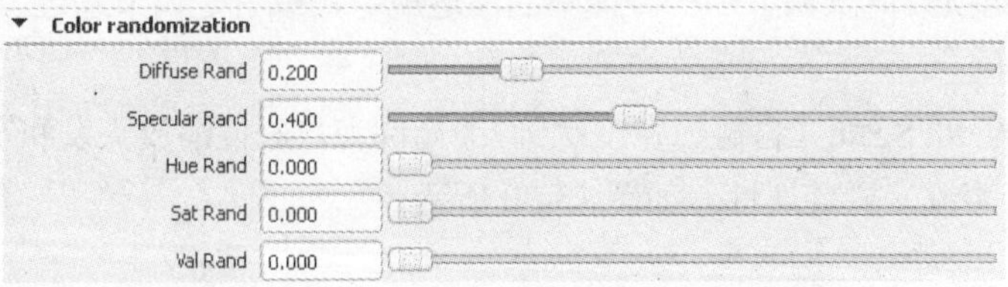

图 13-33

Displacements（置换）：用于设置头发上面的置换纹理属性。

Curl（卷曲）：设置每根头发的弯曲置换数量，如图 13-34 所示。

Curl Frequency（卷曲频率）：设置弯曲的频率。

Noise Method（噪波方法）属性的 3 种选项，如图 13-35 所示。

Randoms 设置头发的噪波为摆动类型，且不与其他头发块发生关联；Surface UV 根据生长头发的表面 UV 值以及置换深度值 W 来生成噪波的形式；Clump UV 相对于头发块设置头发的噪波。

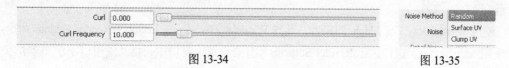

图 13-34　　　　　　　　　　　　　　　图 13-35

Noise（噪波）：设置噪波的数量，如图 13-36 所示。

Detail Noise（噪波细节）：当使用了光滑噪波时可以取消选中该复选框，设置次级噪波的数量。

Noise Frequency（噪波频率）：设置噪波在空间中沿头发方向的位移。

Noise Frequency U、V、W（噪波频率 U\V\W）：当使用了光滑噪波时可以取消选中该复选框，分别在生长头发的表面的 U、V、W 方向上缩放噪波频率。

Sub Clump Method（子束方法）：决定了次级头发块如何在表面上分布，如图 13-37 所示。

图 13-36　　　　　　　　　　　　　　　图 13-37

Sub Clumping（子束）：设置次级头发块的数量。

Sub Clump Rand（子束随机）：使用噪波随机化次级头发块。

Num U、V Clumps（U\V 向子束数目）：分别设置生长曲面的 U\V 方向上的次级头发块的数量。

Dispalcement Scale（置换比例）：用于全局调整各项置换属性，同样可以使用渐变图来调整，横轴依然代表了从根部到尖部的位置，如图 13-38 所示。

Multi Streaks（多条纹）栏各属性，如图 13-39 所示。

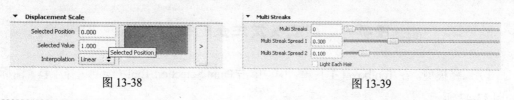

图 13-38　　　　　　　　　　　　　　　图 13-39

注意：

调节 Multi Streaks 数值可增加毛发渲染数量，对电脑内存消耗少。

4. 头发系统的碰撞效果的设置和调节方法

功能说明：为角色毛发与物体发生碰撞。

操作方法：先物体成为碰撞物，单击执行。

常用参数解析：选择物体，单击 nMesh→Create Passive Collider（创建碰撞）命令，选择毛发加选物体，单击 nHair→Classic Hair→Make Collide（使碰撞）命令，如图 13-40 所示。

使用 Mental Ray For Maya 渲染器。选择 Window→Rendering Editors→Render Settings 命令，打开 Render Settings 窗口。在 Render Settings（渲染设置）窗口中，将"使用以下渲染器渲染"（Render Using）设置设定为"Mental Ray"，如图 13-41 所示。

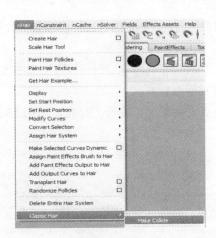

图 13-40   图 13-41

注意：

提示如果 Mental Ray 不显示在渲染器列表中，则必须通过"插件管理器"（Plug-in Manager）加载 Mental Ray 插件。选择 Window → Settings/Preferences → Plug-in Manager 命令，然后针对 Mayatomr.mll 插件选择"已加载"（Loaded）。再单击"Quality"（质量）选项卡，在"Raytrace/Scanline Quality"（光线跟踪/扫描线质量）区域中，将"Max Sample Level"（最高采样级别）设定为 2。

项目实施

任务 1　建立头发生长的模型面片

1）选择模型，在 Toolbox（工具箱）中，单击 Paint Selection Tool（绘制选择工具）图标，如图 13-42 所示。

2）在场景中，在模型头部网格上单击鼠标右键，出现的标记菜单上选择（Face 面），然后加选头皮，如图 13-43 所示。

项目 13　制作角色头发

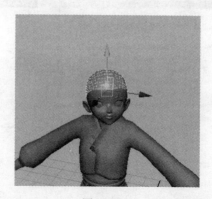

图 13-42　　　　　　　　　　图 13-43

注意：
按住键盘上的<B>键，单击鼠标左键，可修改笔刷大小。

3）在 Polygons 模式下，选择 Edit Mesh→Duplicate Face（复制面）命令，如图 13-44 所示。

4）选择复制出的面，在 Polygons 模式下，选择 Windows→UV Texture Editor 命令，如图 13-45 所示。

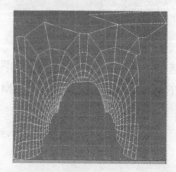

图 13-44　　　　　　　　　　图 13-45

任务2　建立头发系统并设置渲染属性

1）在 nDynamics 模式下，单击 nHair→Create Hair→□（选项窗口）命令，打开 Create Hair Option 窗口，如图 13-46 所示。

2）在窗口中，修改 Output 选项为 Paint Effects and NURBS curves；并设置 U count 和 V count 值为 10，如图 13-47 所示。

3）完成后单击 Create Hairs 按钮建立头发，如图 13-48 所示。

4）可以选择 nHair→Scale Hair Tool（缩放头发工具）命令，缩短毛发，如图 13-49 所示。

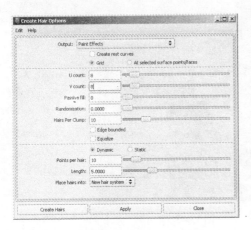
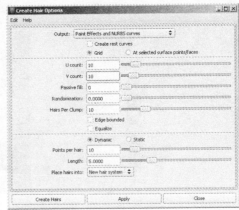

图 13-46　　　　　　　　　　　　图 13-47

图 13-48　　　　　　　　　　　　图 13-49

5）选择角色头部及身体模型，如图 13-50 所示。

6）在 nDynamics 模式下，点击 nMesh→Create Passive Collider（创建被动碰撞对象）命令，如图 13-51 所示。

7）打开 Outline 面板，选择 hairSystem 1 并加选身体 PolySurface29，如图 13-52 所示。

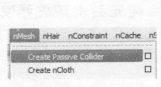

图 13-50　　　　　　图 13-51　　　　　　图 13-52

8）在 nDynamics 模式下，单击 nHair→Classic Hair→Make Collide（碰撞）命令，播放时间轴到 200 帧，如图 13-53 所示。

9）再打开 Outline 面板，选择 hairSystem1OutCurves，如图 13-54 所示。

10）鼠标左键点击 nHair→Set Start Position→From Current（等于曲线）命令设置开始位

项目 13　制作角色头发

置为曲线，然后返回到第一帧，如图 13-55 所示。

图 13-53　　　　　　　　图 13-54　　　　　　　　图 13-55

11）在 Outline 面板下选择 hairSystem1Follicles，如图 13-56 所示。

12）鼠标左键点击 nHair→Modify Curves→Lock Length（锁定长度）命令，锁定选定曲线，如图 13-57 所示。

图 13-56　　　　　　　　　　　　图 13-57

13）在 Outline 面板下选择 hairSystem1Follicles，鼠标左键点击 nHair→Conver Selection→To Start Curve End CVs 命令，转化当前选择为 CV，如图 13-58 所示。

14）利用坐标把毛发顶点拉到头顶并调整角色发型，如图 13-59 所示。

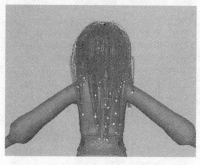　　　　

图 13-58　　　　　　　　　图 13-59

15）鼠标左键点击 nHair→Set Start Position→From Current 命令，返回到第一帧，并播放时间帧，如图 13-60 所示。

16）继续调整发型，使更加自然披在肩上，如图 13-61 所示。

199

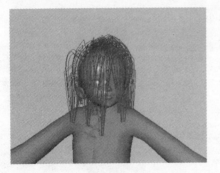

图 13-60　　　　　　　　　图 13-61

17）在 Outline 面板下选择 hairSystem1outPutcurves，选择角色脸部前刘海部分的 Curves，鼠标点击 nHair→Scale Hair Tool 命令调整刘海长度，如图 13-62 所示。

18）调整毛发系统参数。增加 Hairs Per Clump 为 20，Sub Segments 为 3 数值使头发更顺滑，设置完成后效果如图 13-63 所示。

图 13-62　　　　　　　　　图 13-63

19）增加 Thinning 为 0.382，如图 13-64 所示。

20）调整 Clump Width Scale 曲线，设置 Selected Ualue 为 0.780；Interpolation 选项设置为 Spline，如图 13-65 所示。

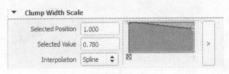

图 13-64　　　　　　　　　图 13-65

21）鼠标左键点击 Create→Lights→Spot Light（聚光灯）命令，给毛发打灯光，如图 13-66 所示。

项目 13　制作角色头发

22）在 Outline 面板里选择 hairSystem1，按键盘上<Ctrl+A>组合键，打开属性编辑器，选择毛发系统选项卡，在 Shading 栏修改其属性，如图 13-67 所示。

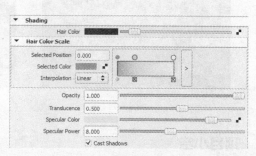

图 13-66　　　　　　　　　　　　　图 13-67

23）依然在毛发系统选项卡内的 Multi Streaks 栏内，修改 Multi Streaks 为 2，如图 13-68 所示。

24）单击工具栏中的 按钮，打开 Render Setting 窗口，在 Paint Effect Rendering Options 栏修改渲染属性，如图 13-69 所示。

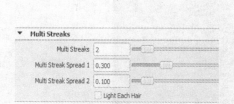

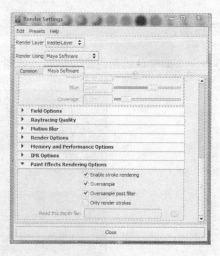

图 13-68　　　　　　　　　　　　　图 13-69

25）在 Anti—aliasing 栏，修改 Quality 属性选项为 Production Quality（产品级别），如图 13-70 所示。

26）进行渲染观察最终渲染效果图，如图 13-71 所示。

27）上面是制作头发的基本思路和方法，写实角色的头发效果制作需要长时间的调试和实验，最终完成的效果如图 13-72。

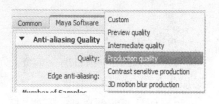

图 13-70

201

图 13-71　　　　　　　　　　　　图 13-72

项目小结 《

毛发系统是 Maya 中 nDynamic 系统中比较重要的部分，它不但可以制作毛发，也可以用于制作绳子及线帘。具体制作步骤为先创建一个生长毛发的面片 UV，该面片对毛发的生长数量起着至关重要的作用。再根据具体的角色外形设计，利用 nHair 制作毛发。本项目通过 2 个任务进行制作，从基础头皮的创建到整体毛发的种植，由静态到动态，逐步完成角色毛发的制作。

实践演练 《

制作一个渐变色的角色头发镜头，如图 13-73 所示。

图 13-73

要求：

1）熟练运用本项目所学命令，先创建毛发物体制作基础面片，再通过创建 nHair 等命令，添加各个部分的动态细节。

2）作品要发型自然，高光明显，刻画细致到位。

3）作品完成时，播放时间帧可看到毛发的动态效果。

参 考 文 献

[1] 时代印象. 中文版 Maya 2013 技术大全[M]. 北京：人民邮电出版社，2013.
[2] 时代印象. 中文版 Maya 2013 入门与提高[M]. 北京：人民邮电出版社，2013.
[3] 张利峰，史尧. Maya 影视特效火星课堂进阶[M]. 北京：人民邮电出版社，2012.
[4] 刘畅，孙立军. Maya 动画与特效[M]. 北京：北京联合出版公司，2011.